中 等 职 业 教 育 "十 三 五" 规 划 教 材

中国煤炭教育协会职业教育教学与教材建设委员会审定

矿井通风（采矿）

（第 2 版）

主　　编　焦　健

副主编　任世英

参编人员　陈德山　管金海

煤 炭 工 业 出 版 社

· 北　京 ·

内 容 提 要

本书系统地阐述了矿井井下空气的成分、性质、变化规律、安全标准与空气成分检测方法；风流的能量与压力、能量方程在矿井通风中的应用；矿井通风阻力的类型、计算及降低通风阻力的措施；矿井通风动力类型、通风机特性及性能测定；矿井与采区通风系统类型及适用条件、通风设施的类型及矿井漏风；全矿及局部风量调节方法；掘进通风的类型、特点及适用条件；矿井及采区通风系统设计。

本书是中等职业学校采矿技术专业主干专业课程教材，也可作为煤炭生产技术及管理人员在职培训或参考用书。

煤炭中等专业教育分专业教学与教材建设委员会

（采矿技术类专业）

主　任　郭奉贤

副主任　雷振刚　邵　海

委　员　刘　兵　刘跃林　何水明　张玉山　王春城

　　　　庞国强　胡贵祥　胡湘宏　荣保金　郭廷基

　　　　常现联　梁新成　龚琴生

修　订　说　明

　　《矿井通风(采矿)》一书由中国煤炭教育协会职业教育教学与教材建设委员会组织编写，并于 2011 年 6 月首次出版。本次教材修订，以适应本专业培养目标的变化，以及对技术技能型人才培养的要求，有以下几个特点：

　　1. 教材结构的改革

　　在每章后面增加技能训练实训项目，与复习思考题结合，形成实训环节。实训项目与教学内容相辅相成，既可以单独组织学生开展实训也可以开展课堂"教、学、做一体化"教学，改变旧版教材附件中安排的 3 个实验项目，更适应教学。

　　2. 教学内容的改革

　　教材在内容上紧跟现代化矿井生产技术与先进工艺、先进设备，删除老旧知识，增加新的内容。如删除现场已淘汰的"JBT 系列""BKJ66 - 11 系列"通风机，增加"FBY(YBT) 系列"矿用隔爆型轴流式局部通风机等。

　　本书由甘肃能源化工职业学院焦健担任主编，其编写了绪论、第六章、第七章、第八章；石家庄工程技术学校任世英担任副主编，其编写了第四章、第五章；甘肃能源化工职业学院陈德山编写了第一章、第二章；江苏安全技术职业学院管金海编写了第三章。

　　由于编者水平所限，书中可能存在错误之处，敬请相关专家、读者指正。

中国煤炭教育协会职业教育

教学与教材建设委员会

2016 年 10 月

前　　言

为贯彻《教育部办公厅、国家安全生产监督管理总局办公厅、中国煤炭工业协会关于实施职业院校煤炭行业技能型紧缺人才培养培训工程的通知》（教职成厅〔2008〕4 号）精神，加快煤炭行业专业技能型人才培养培训工程建设，培养煤矿生产一线需要，具有与本专业岗位群相适应的文化水平和良好职业道德，了解矿山企业生产全过程，掌握本专业基本专业知识和技术的技能型人才，经教育部职成司教学与教材管理部门的同意，中国煤炭教育协会依据"采矿技术"专业教学指导方案，组织煤炭职业学（院）校专家、学者编写了采矿技术专业系列教材。

《矿井通风（采矿）》一书是中等职业教育规划教材采矿技术专业中的一本，可作为中等职业学校采矿技术专业基础课程教学用书，也可作为在职人员培养提高的培训教材。

本书由甘肃煤炭工业学校焦健担任教材主编，其编写了绪论、第六章、第七章；甘肃煤炭工业学校陈德山编写了第一章、第二章；徐州机电工程高等职业学校管金海编写了第三章；石家庄工程技术学校任世英编写了第四章、第五章。

中国煤炭教育协会职业教育

教学与教材建设委员会

2011 年 5 月

目　　次

绪　　论

　　我国煤矿开采大多是井工开采，井下作业场地具有管道性、移动性、分散性，同时开采煤层赋存条件具有复杂多变性，煤矿井下作业各工种具有一定的艰苦性。煤矿在开采过程面临五大灾害的威胁，决定了煤矿行业是高危行业，井下作业危险性较高。矿井通风是保障矿井安全生产的主要技术手段之一。在矿井生产过程中，必须源源不断地将地面新鲜空气输送到井下各个作业地点，以供给人员呼吸，并稀释和排除井下各种有毒有害气体及矿尘，创造良好的矿井内工作环境，保障井下作业人员的身体健康和劳动安全。这种利用机械或自然风压为动力，使地面空气进入井下，并在井巷中做定向和定量流动，最后将污浊空气排出矿井的全过程就称为矿井通风。因此，矿井通风的主要任务是保证矿井空气质量符合要求，创造良好的井下气候条件。

　　矿井通风是煤矿治理瓦斯、煤尘及火灾的基础，合理高效的矿井通风系统是煤矿安全生产的基本保障。随着科学技术的发展，煤矿生产的机械化程度不断提高，矿井开采规模迅速扩大，通风线路随之加长，通风阻力增加，工作面配风困难，通风难度也相应增大；另外，随着开采深度的增加，由于地热、机电设备散热、火区散热、气候变热等因素，致使高温矿井也逐渐增加，矿井热害治理也成为矿井通风工作的一个重点；再者，在一些寒冷地区，冬季气温很低，对进风风流预热也成为通风要解决的难题。矿井通风是矿井各生产环节中最基本的一环，它在矿井建设和生产期间始终占有非常重要的地位。

　　我国现行的安全生产方针是"安全第一，预防为主，综合治理"。这是在总结我国煤矿建设生产多年经验和教训的基础上确定的，也是由于煤矿生产的自然规律和其特殊性决定的。安全生产方针体现人是最宝贵的，在煤矿生产建设中必须把职工的生命和健康放在第一位来抓，作为一切工作的指导思想和行动准则，只有正确理解和把握安全生产方针，才能把矿井通风工作摆在重要的位置上。

　　新中国成立以来，党中央、国务院高度重视安全生产工作，十分关怀煤矿企业职工的生命安全和身体健康，颁布并先后多次修订了《安全生产法》《煤炭法》《矿山安全法》《煤矿安全规程》等一系列有关煤矿安全生产的法律法规；同时建立健全了"党政同责，一岗双责，齐抓共管"的安全生产责任体系。

　　矿井通风是为采矿技术专业开设的一门专业课，它是矿山安全工程科学的一个分支。为完成矿井通风任务，要求从事矿井通风管理的工程技术人员必须能正确地解决以下几方面的技术问题：研究矿井内有毒有害气体的生成、分布规律，采取有效措施消除其危害；研究矿井内气候条件的变化规律，积极采取改善措施；正确确定各用风地点的需风量及矿井总风量，并随着生产发展变化及时进行风量的正确调节；掌握矿井通风阻力的分布、变化规律，及时调整通风系统；研究全矿井及采区通风系统的特点，正确确定管理及调整措施；对矿井通风状况进行检测，发现并及时解决问题。

　　煤矿安全生产是关系到矿工的健康和生命安全、保护国家资源和财产的大事。同自然做斗争必须尊重客观规律，尊重科学，只有掌握了有利、有害因素的发生发展规律，才能正确采取有效的预防、处理事故措施，创造安全生产条件，促进生产发展。因此，煤炭中职学生必须努力学习矿井通风的有关理论知识与岗位技能，提高技术与管理水平，适应岗位技能要求。

第一章 矿井空气

第一节 矿井空气成分

地面空气进入矿井以后即称为矿井空气。矿井空气由于受到井下各种自然因素和生产过程的影响，与地面空气在成分和质量上有着不同程度的区别。

一、地面空气的组成

地面空气是由干空气和水蒸气组成的混合气体，通常称为湿空气。

干空气是指完全不含有水蒸气的空气，它是由氧气、氮气、二氧化碳、氩气、氖气和其他一些微量气体所组成的混合气体。干空气的组成成分比较稳定，其主要成分见表1－1。

表1－1 地表大气组成成分　　　　　　　　　　　　　　　%

气体成分	按体积计	按质量计	备注
氧气（O_2）	20.96	23.23	惰性稀有气体氦、氖、氩、氪、氙等计入氮气中
氮气（N_2）	79.00	76.71	
二氧化碳（CO_2）	0.04	0.06	

湿空气中仅含有少量的水蒸气，但其含量的变化会引起湿空气的物理性质和状态发生变化。

二、矿井空气的主要成分及基本性质

地面空气进入矿井以后，由于受到污染，其成分和性质要发生一系列的变化，如氧气浓度降低，二氧化碳浓度增加；混入各种有毒有害气体和矿尘；空气的状态参数（温度、湿度、压力等）发生改变等。一般来说，将井巷中经过用风地点以前、受污染程度较轻的进风巷道内的空气称为新鲜空气；经过用风地点以后、受污染程度较重的回风巷道内的空气称为污浊空气。

尽管矿井空气与地面空气相比，在性质上存在许多差异，但在新鲜空气中其主要成分仍然是氧气、氮气和二氧化碳。

1. 氧气（O_2）

氧气是维持人体正常生理机能所需要的气体。人类在生命活动过程中，必须不断吸入氧气，呼出二氧化碳。人体维持正常生命过程所需的氧气量，取决于人的体质、精神状态

和劳动强度等。一般情况下，人体需氧量与劳动强度的关系见表1-2。

表1-2　人体需氧量与劳动强度的关系　　　　　　　　　L/min

劳动强度	呼吸空气量	氧气消耗量
休息	6～15	0.2～0.4
轻度劳动	20～25	0.6～1.0
中度劳动	30～40	1.2～1.6
重度劳动	40～60	1.8～2.4
极重劳动	40～80	2.5～3.0

当空气中的氧气浓度降低时，人体就会产生不良的生理反应，出现种种不舒适的症状，严重时可能导致缺氧死亡。人体缺氧症状与空气中氧浓度的关系见表1-3。

表1-3　人体缺氧症状与空气中氧浓度的关系

氧气浓度（体积）/%	主　要　症　状
17	静止时无影响，工作时能引起喘息和呼吸困难
15	呼吸及心跳急促，耳鸣目眩，感觉和判断能力降低，失去劳动能力
10～12	失去理智，时间稍长有生命危险
6～9	失去知觉，呼吸停止，如不及时抢救，几分钟内可能导致死亡

造成矿井空气中氧气浓度降低的主要原因有：人员呼吸；煤岩和其他有机物的缓慢氧化；煤炭自燃；瓦斯、煤尘爆炸。此外，煤岩和生产过程中产生的各种有害气体，也使空气中氧气浓度相对降低。所以，在井下通风不良的地点，空气中的氧气浓度可能显著降低，如果不经检查而贸然进入，就可能引起人员的缺氧窒息。缺氧窒息是造成矿井人员伤亡的原因之一。

2. 氮气（N_2）

氮气是一种惰性气体，是新鲜空气中的主要成分，它本身无毒、不助燃，也不供呼吸。但空气中若氮气浓度升高，则势必造成氧浓度相对降低，从而也可能导致人员的窒息性伤害。利用氮气的惰性性质，可用于井下防灭火和防止瓦斯爆炸。矿井空气中氮气主要来源是：井下爆破和生物的腐烂，有些煤岩层中也有氮气涌出。

3. 二氧化碳（CO_2）

二氧化碳不助燃，也不能供人呼吸，无色无味。二氧化碳比空气重（与空气的相对密度比为1.52），在风速较小的巷道中，底板附近浓度较大；在风速较大的巷道中，一般能与空气均匀混合。

在新鲜空气中含有微量的二氧化碳对人体是无害的。二氧化碳对人体的呼吸中枢神经有刺激作用，如果空气中完全不含二氧化碳，则人体的正常呼吸功能就不能维持。所以在抢救遇难者进行人工输氧时，往往要在氧气中加入5%的二氧化碳，以刺激遇难者的呼吸机能。但当空气中二氧化碳的浓度过高时，也将使空气中的氧浓度相对降低，轻则使人呼吸加快，呼吸量增加，严重时也可能造成人员中毒或窒息。二氧化碳中毒症状与浓度的关系见表1-4。

表1-4 二氧化碳中毒症状与浓度的关系

二氧化碳浓度 （体积）/%	主 要 症 状	二氧化碳浓度 （体积）/%	主 要 症 状
1	呼吸加深，但对工作效率无明显影响	6	严重喘息，极度虚弱无力
3	呼吸急促，心跳加快，头痛， 人体很快疲劳	7～9	动作不协调，大约十分钟可发生昏迷
5	呼吸困难，头痛，恶心，呕吐，耳鸣	9～11	几分钟内可导致死亡

矿井空气中二氧化碳的主要来源是：煤和有机物的氧化；人员呼吸；碳酸性岩石分解；炸药爆破；煤炭自燃；瓦斯、煤尘爆炸等。此外，有的煤层和岩层中也能长期连续地放出二氧化碳，有的甚至能与煤岩粉一起突然大量喷出，给矿井带来极大危害。2014年2月24日，吉林省宇光能源股份有限公司九台营城矿业分公司发生一起煤与瓦斯突出事故，突出煤量190.4 t，涌出二氧化碳3593.6 m³，造成4人死亡，1人受伤，直接经济损失286.7万元。

三、矿井空气主要成分的质量（浓度）标准

由于矿井空气质量对人员健康和矿井安全有着重要的影响，所以《煤矿安全规程》对矿井空气主要成分（氧气、二氧化碳）的浓度标准做出了明确的规定。

采掘工作面进风流中的氧气浓度不得低于20%，二氧化碳浓度不得超过0.5%；矿井总回风巷或者一翼回风巷中甲烷或者二氧化碳浓度超过0.75%时，必须立即查明原因，进行处理；采掘工作面风流中二氧化碳浓度达到1.5%时，必须停止工作，撤出人员，查明原因，制定措施，进行处理；采区回风巷、采掘工作面回风巷风流中甲烷浓度超过1.0%或者二氧化碳浓度超过1.5%时，必须停止工作，撤出人员，采取措施，进行处理。

第二节 矿井空气中的主要有害气体

矿井中常见的有害气体主要有一氧化碳（CO）、硫化氢（H_2S）、二氧化氮（NO_2）、二氧化硫（SO_2）、氨气（NH_3）、氢气（H_2）等。这些有害气体对井下作业人员的生命安全和身体健康危害极大，必须引起高度重视。

一、有害气体的基本性质

1. 一氧化碳（CO）

（1）性质。一氧化碳是一种无色、无味、无臭的气体，相对密度为0.97，微溶于水，能与空气均匀地混合。一氧化碳能燃烧，当空气中一氧化碳浓度在13%～75%时有爆炸的危险。

（2）对人体危害。一氧化碳与人体血液中血红素的亲和力比氧气大250～300倍（血

红素是人体血液中携带氧气和排出二氧化碳的细胞）。一旦一氧化碳进入人体后，首先就与血液中的血红素相结合，因而减少了血红素与氧气结合的机会，使血红素失去输氧的功能，从而造成人体血液"窒息"。所以，医学上又将一氧化碳称为血液窒息性气体。人体吸入一氧化碳后的中毒症状与浓度的关系见表1-5。由于一氧化碳与血红素结合后，生成鲜红色的碳氧血红素，故一氧化碳中毒最显著的特征是中毒者黏膜和皮肤均呈樱桃红色。

表1-5　一氧化碳中毒症状与浓度的关系

一氧化碳浓度（体积)/%	主　要　症　状
0.02	2~3 h 内可能引起轻微头痛
0.08	40 min 内出现头痛，眩晕和恶心；2 h 内发生体温和血压下降，脉搏微弱，出冷汗，可能出现昏迷
0.32	5~10 min 内出现头痛、眩晕；半小时内可能出现昏迷并有死亡危险
1.28	几分钟内出现昏迷和死亡

（3）来源。井下爆破，矿井火灾，煤炭自燃以及煤尘、瓦斯爆炸事故等。

2. 硫化氢（H_2S）

（1）性质。硫化氢无色、微甜、有浓烈的臭鸡蛋味，当空气中浓度达到 0.0001% 即可嗅到，但当浓度较高时，因嗅觉神经中毒麻痹，反而嗅不到。硫化氢相对密度为 1.19，易溶于水，在常温常压下一个体积的水可溶解 2.5 个体积的硫化氢，所以它可能积存于旧巷的积水中。硫化氢能燃烧，空气中硫化氢浓度为 4.3% ~45.5% 时有爆炸危险。

（2）对人体危害。硫化氢有剧毒，有强烈的刺激作用，不但能引起鼻炎、气管炎和肺水肿，而且还能阻碍生物的氧化过程，使人体缺氧。当空气中硫化氢浓度较低时主要以腐蚀刺激作用为主；浓度较高时能引起人体迅速昏迷或死亡，腐蚀刺激作用往往不明显。硫化氢中毒症状与浓度的关系见表1-6。

表1-6　硫化氢中毒症状与浓度的关系

硫化氢浓度（体积)/%	主　要　症　状
0.0025 ~ 0.003	有强烈臭味
0.005 ~ 0.01	1~2 h 内出现眼及呼吸道刺激症状，臭味"减弱"或消失
0.015 ~ 0.02	出现恶心，呕吐，头晕，四肢无力，反应迟钝，眼及呼吸道有强烈刺激症状
0.035 ~ 0.045	0.5~1 h 内出现严重中毒，可发生肺炎、支气管炎和肺水肿，有死亡危险
0.06 ~ 0.07	很快昏迷，短时间内死亡

（3）来源。有机物腐烂，含硫矿物的水解，矿物氧化和燃烧，从采空区和旧巷积水中放出，我国有些矿区煤层中也有硫化氢涌出。

3. 二氧化氮（NO_2）

（1）性质。二氧化氮是一种红褐色的气体，有强烈的刺激气味，相对密度为 1.59，易溶于水。

（2）对人体危害。二氧化氮是井下毒性很强的有害气体，它遇水后生成腐蚀性很强的硝酸，对眼睛、呼吸道黏膜和肺部组织有强烈刺激及腐蚀作用，严重时可引起肺水肿。二氧化氮中毒有潜伏期，有的在严重中毒时尚无感觉，还可坚持工作，但经过 6 ~ 24 h 后发作。中毒者指头出现黄色斑点，并出现严重咳嗽、头痛、呕吐症状，甚至死亡。二氧化氮中毒症状与浓度的关系见表 1 – 7。

表 1 – 7 二氧化氮中毒症状与浓度的关系

二氧化氮浓度（体积）/%	主 要 症 状	二氧化氮浓度（体积）/%	主 要 症 状
0.004	2 ~ 4 h 内可出现咳嗽症状	0.01	短时间内出现严重中毒症状，神经麻痹，严重咳嗽，恶心，呕吐
0.006	短时间内感到喉咙刺激，咳嗽，胸疼	0.025	短时间内可能出现死亡

（3）来源。井下爆破工作中硝铵炸药爆破后的生成物。

4. 二氧化硫（SO_2）

（1）性质。二氧化硫无色、有强烈的硫黄气味及酸味，当空气中二氧化硫浓度达到 0.0005% 即可嗅到。其相对密度为 2.22，在风速较小时，易积聚于巷道的底部。二氧化硫易溶于水，在常温、常压下 1 个体积的水可溶解 4 个体积的二氧化硫。

（2）对人体危害。二氧化硫遇水后生成硫酸，对眼睛及呼吸系统黏膜有强烈的刺激作用，可引起喉炎和肺水肿。当空气中二氧化硫浓度达到 0.002% 时，眼及呼吸器官即感到强烈的刺激；浓度达到 0.05% 时，短时间内即有生命危险。

（3）来源。含硫矿物的氧化与自燃，在含硫矿物中爆破，从含硫矿层中涌出。

5. 氨气（NH_3）

（1）性质。氨气是一种无色、有浓烈臭味的气体，比重为 0.596，易溶于水，空气中浓度达到 30% 时有爆炸危险。

（2）对人体危害。氨气对皮肤和呼吸道黏膜有刺激作用，可引起喉头水肿。

（3）来源。爆破工作，用水灭火等；部分岩层中也有氨气涌出。

6. 氢气（H_2）

（1）性质。氢气无色、无味、无毒，相对密度为 0.07，是井下最轻的有害气体。氢气能自燃，其点燃温度比甲烷低 100 ~ 200 ℃，当空气中氢气浓度为 4% ~ 74% 时有爆炸危险。

（2）来源。井下蓄电池充电时可放出氢气；有些中等变质的煤层中也有氢气涌出。

矿井空气中有害气体对井下作业人员的生命安全危害极大，因此《煤矿安全规程》对常见有害气体的安全标准都做了明确规定，其值见表 1 – 8。

表1-8　矿井有害气体最高允许浓度

有害气体名称	最高允许浓度/%	有害气体名称	最高允许浓度/%
一氧化碳（CO）	0.0024	硫化氢（H_2S）	0.00066
氧化氮（换算成 NO_2）	0.00025	氨（NH_3）	0.004
二氧化硫（SO_2）	0.0005		

二、矿井主要有害气体的检测

检测矿井空气中有害气体浓度的目的是为了确定其是否符合《煤矿安全规程》的规定；若不符合规定要求，则必须采取措施进行处理。另外，检测井下空气中一氧化碳的浓度还是预测井下自燃火灾及分析火区状况的可靠方法之一。

检测矿井有害气体浓度的方式有两种：取样化验分析法和现场快速检测方式。取样化验分析法，即把在井下采取的气样送到地面化验室进行分析。该方式所测得的数据准确度高、范围广（如用色谱仪可分析多种气体成分和浓度），但需要时间长，不能很快作出判断，不能根据具体情况及时采取有效的处理措施。现场快速检测法，即通过吸气装置和检定管在现场快速测定有害气体浓度的方法。

用检定管检测矿井有害气体浓度的仪器由检定管及吸气装置两部分组成。

（一）检定管结构及工作原理

1. 结构

检定管的结构如图1-1所示。其中外壳是用中性玻璃管加工而成；堵塞物用玻璃丝布、防声棉或耐酸涤纶，对管内物质起固定作用；保护胶是用硅胶作载体吸附试剂制成，其作用是除去对指示胶有干扰的气体；隔离层一般用有色玻璃粉或其他惰性有色颗粒物质，对指示胶起界限作用；指示胶以活性硅胶为载体吸附化学试剂。

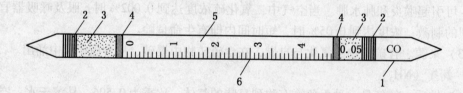

1—外壳；2—堵塞物；3—保护胶；4—隔离层；5—指示胶；6—刻度

图1-1　一氧化碳检定管结构示意图

2. 工作原理

当含有被检测气体的空气以一定速度通过检定管时，被测气体与指示剂发生化学反应，根据变色的程度或变色的长度来确定其浓度，前者称为比色式，后者称为比长式。目前普遍采用比长式。下面以比长式一氧化碳检定管为例来说明检测原理。

比长式一氧化碳检定管是一支直径为 4~6 mm、长 150 mm 的玻璃管，以活性硅胶为载体，吸附化学试剂碘酸钾和发烟硫酸充填于管中。一氧化碳气体通过时与指示粉发生化学反应，在玻璃上形成棕色环，棕色环随着气体通过向前移动，移动长度与一氧化碳浓度成正比，可直接从玻璃管上的刻度读出的一氧化碳浓度。

其他有害气体的比长式检定管结构及工作原理与一氧化碳检定管基本相同，只是检测管内装的指示粉不相同，颜色变化有差异。

（二）吸气装置及测定方法

吸气装置目前广泛采用的有 J-1 型采样器、DQJD-1 型多种气体检定器和 XR-1 型气体检测器。

1. J-1 型采样器

1）结构

J-1 型采样器实质上是一个取样（抽气）筒，其结构如图 1-2 所示。它是由铝合金管及气密性良好的活塞所组成。抽取一次气样为 50 mL，在活塞上有 10 等分刻度，表示吸入气样的毫升数。采样器前端的三通阀有 3 个位置：阀把平放时，吸取气样；阀把拨向垂直位置时，推动活塞即可将气样通过检定管插孔 2 压入检定管；阀把位于 45°位置时，三通阀处于关闭状态，便于将气样带到安全地点进行检定。

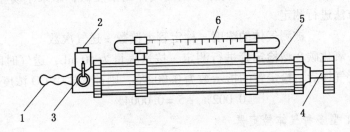

1—气样入口；2—检定管插孔；3—三通阀；

4—活塞；5—吸气筒；6—温度计

图 1-2　J-1 型采样器结构示意图

2）测定方法

（1）采样与送气。不同的检定管要求用不同的采样和送气方法。对于很不活泼的气体，如 CO、CO_2 等，一般是先将气体吸入采样器，在此之前应在测定地点将活塞往复抽送 2~3 次，使采样器内原有的空气完全被气样（待测气体）所取代。打开检定管两端的封口，把检定管浓度标尺标"0"的一端插入采样器的插孔中，然后将气样按规定的送气时间均匀地送入检定管。如果是较活泼的气体，如 H_2S，则应先打开检定管两端封口，把检定管浓度标尺上限的一端插入采样器的入口中，然后以均匀的速度抽气，使气样先通过检定管后进入采样器。在使用检定管时，不论用送气或抽气方式采样，均应按照检定管使用说明书的要求准确采样。

（2）读取浓度值。检定管上印有浓度标尺。浓度标尺零线一端称为下端，测定上限一端称为上端。送气后由变色柱（或变色环）上端所指示的数字可直接读取被测气体的浓度。

（3）高浓度气样的测定。如果被测气体的浓度大于检定管的上限（即气样还未送完，检定管已全部变色）时，应首先考虑测定人员的防毒措施，然后采用下述方法进行测定。

稀释被测气体。在井下测定时，先准备一个装有新鲜空气的胶皮囊带到井下，测定时先吸取一定量的待测气体，然后用新鲜空气使之稀释到 1/10～1/2，送入检定管，将测得的结果乘以气体稀释后体积变大的倍数，即得被测气体的浓度值。

例如，用一氧化碳 2 型检定管进行测定。先吸入气样 10 mL，后加入 40 mL 新鲜空气将其稀释后，在 100 s 内均匀送入检定管，其示数为 0.04%，则被测气体中的一氧化碳浓度为

$$0.04\% \times \frac{10+40}{10} = 0.2\%$$

采用缩小送气量和送气时间进行测定。如采样量为 50 mL，送气时间为 100 s 的检定管，测高浓度时使采样量为 $\frac{50\ mL}{N}$ 及送气时间为 $\frac{100\ s}{N}$，这时被测气体的浓度 = 检定管读数 × N。对于采样量为 100 mL，送气时间为 100 s 的检定管，N 可取 2 或 4；如果要求采样量为 50 mL，送气时间为 100 s 时，N 最好不要大于 2，因为 N 过大，采样量太少，容易产生较大的测定误差。因此，对测定结果要求较高的，最好更换测定上限大的检定管。

（4）低浓度气样的测定。如果气样中被测气体的浓度低，结果不易量读，可采用增加送气次数的方法进行测定：

被测气体的浓度 = 检定管上读数 ÷ 送气次数

例如，用一氧化碳 2 型检定管进行测定，按送气量为 50 mL，送气时间为 100 s 的要求，连续送 5 次气样后，检定管的指示数为 0.002%，则被气体中 CO 浓度应为

$$0.002\% \div 5 = 0.0004\%$$

2. DQJD – 1 型多种气体检定器

1）结构

DQJD – 1 型多种气体检定器主要由一个橡胶波纹管构成的吸气泵与检定管（C_1D 型、C_1Z 型、C_1G 型、S_1D 型、S_1Z 型及 C_2G 型等）配合使用。吸气泵的结构如图 1 – 3 所示。吸气泵一次动作吸气体积为 50 mL。吸气泵上的支撑环、弹簧及链条是为了保证一次吸气量为 50 mL 而设置的。调整链条的长短可改变吸气量的大小。

2）测定方法

使用时将所需测定气体的检定管两端打开，按检定管上所标箭头指向插入吸气泵的插管座内，手握吸气泵，并将它完全压缩，然后按照所用检定管要求的送气时间均匀地放松，使 50 mL 气样等速地通过检定管，最后根据检定管变色柱（或变色环）的长度直接读出被测气体的浓度。

3. XR – 1 型气体检测器

1）结构

XR – 1 型气体检测器的抽气球是一个 60 mL 的医用洗耳球，其使用容积为（50 ± 2）mL，根据需要可在球嘴上安一个金属三通活塞，以便测定时增加取气次数，其结构如图 1 – 4 所示。

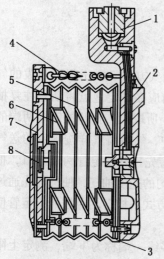

1—插管座；2—上压盖；
3—橡胶波纹管；4—链条；
5—支撑环；6—弹簧；
7—下压盖；8—出气阀门

图 1 – 3　吸气泵结构示意图

2）测定方法

使用该检测器时应先检查其气密性。方法是左手拿抽气球，用右手拇指按压球的底部，排出球内气体后，用左手拇指与食指捏球的左边，退出右手拇指再把球对折，用手握紧。然后将一支完整的检定管插在抽气球的进气口上，放松左手，经 10 min 左右，如抽气球未鼓起则说明气密性良好。

测定时，按气密性检查方法，排出抽气球内气体后，在其进气口处，紧密牢固地插入一支两端打开的检定管，"0" 点一端向上，松开抽气球，待测气体便通过检定管进入抽气球。当抽气球全部鼓起后，再停约半分钟，即可从检定管的浓度标尺上直接读出待测气体的浓度。

该检测器在使用时，虽然每次的抽气时间不同，速度也不够均匀，但实验证明，只要抽气球与检定管连接处不漏气，每次抽气体积基本上是相同的，其测定结果能保证在规定的误差范围内。它具有体积小，重量轻，便于携带及价格低廉等优点。

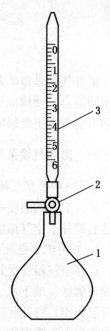

1—抽气球；2—金属三通；
3—检定管

图 1-4 XR-1 型气
体检测器结构示意图

三、防止有害气体危害的措施

（1）加强通风。防止有害气体危害的最根本措施就是加强通风，不断供给井下新鲜空气，将有害气体冲淡到《煤矿安全规程》规定的安全浓度以下，并排至矿井外，以保证工作人员的安全与健康。

（2）加强有害气体的检查。应用各种仪器仪表检查，监视井下各种有害气体的发生、发展和积聚情况，是防止有害气体危害的一种重要手段。只有通过检查来掌握情况、发现问题，才可能争取主动，防患于未然。

（3）喷雾洒水或使用水炮泥。在生产过程中爆破工作将会生成大量的有害气体，为了减少其生成量，应禁止使用非标准炸药，严格爆破制度，执行《煤矿安全规程》有关规定，并尽可能使用水炮泥爆破。掘进工作面爆破时，应进行喷雾洒水，以溶解氧化氮等有害气体，并同时消除炮烟和煤尘。有二氧化碳涌出的工作面亦可使用喷雾洒水的办法使其溶于水中。

（4）禁入险区。井下通风不良的地方或不通风的旧巷内，往往聚积大量的有害气体，因此，在不通风的旧巷口要设置栅栏，并挂上"禁止入内"的牌子。如果要进入这些巷道，必须先进行检查，当确认巷道中空气对人体无害时才能进入，以避免窒息或中毒死亡事故的发生。

（5）及时抢救，减少伤亡。当有人由于缺氧窒息或呼吸有害气体中毒时，应立刻将窒息或中毒者移到有新鲜空气的巷道或地面，进行急救，最大限度地减少人员伤亡。

（6）抽放瓦斯。如果煤、岩层中某种有害气体的储藏量较大，可采取回采前预先抽放的办法。如我国许多矿井将煤岩层中的瓦斯预先抽放出来，送到地面，并加以利用，变害为宝。

（7）井下人员必须佩戴自救器。一旦矿井发生火灾或瓦斯、煤尘爆炸事故，人员可迅速使用自救器撤离危险区。

第三节 矿井气候条件

矿井气候是指矿井空气的温度、湿度和流速这3个参数的综合作用状态。这3个参数的不同组合，便构成了不同的矿井气候条件。矿井气候条件对井下作业人员的身体健康和劳动安全有着重要影响。

一、影响气候条件的因素

（一）矿井空气的温度

矿井空气的温度是影响气候条件的主要因素，温度过高或过低都会使人感到不舒适。最适宜的井下空气温度是15～20 ℃。

1. 影响矿井空气温度的因素

矿井空气温度受地面空气温度、岩层温度、有机物氧化生热、水分蒸发吸热、空气的压缩与膨胀、地下水、通风强度、机械设备运转散热及人体散热等因素的影响，有的因素起升温作用，有的起降温作用，在不同矿井、不同地点，影响因素和大小各不相同。一般升温作用大于降温作用，随着井下通风线路的延长，空气湿度逐渐升高。

2. 矿井空气温度的变化规律

矿井空气温度受着多种因素的影响，其中有升温作用的，也有降温作用的。但从许多矿井的实践看，一般升温作用都大于降温作用。其变化规律有：

（1）在进风路线上（在地面气温影响范围内），气温随四季而变，和地表气温相比，矿井空气有冬暖夏凉的现象。在冬季，地面冷空气进入井下后，冷空气与地温进行热交换，风流吸热，地温散热，因地温随深度增加，且风流下行受压缩，故沿线空气温度逐渐升高；夏季与冬季的情况大致相反，沿线空气温度逐渐降低，故进风路线有冬暖夏凉的现象。

（2）在整个风流路线上，采煤工作面一般是气温最高的区段。地面气温的影响范围（指进风风流流经路线长度或称距离）一般为1000～2000 m，超过此距离，不论冬季还是夏季，随着进风路线的延长，矿井空气温度会逐渐升高，至采煤工作面时，温度一般达到最高。这是因为采煤工作面除有煤、岩氧化外，还有人体散热和机械运转、爆破等因素的影响。

开采深度大，进风路线长且超过一定距离时，采煤工作面的温度常年保持不变；开采深度不大，进风路线短时，采煤工作面的空气温度将随地面气温的变化而变化。

（3）在回风路线上，因通风强度较大、风速高，水分蒸发吸热，加之气流向上流动而膨胀降温，使气温略有下降，但基本上常年变化不大。

（二）矿井空气的湿度

1. 湿度的概念

空气的湿度是指空气中所含水蒸气的量，表示湿度的方法有两种。

1）绝对湿度

绝对湿度是指1 m^3 或1 kg空气中所含水蒸气的量，用 f 表示，单位是 g/m^3 或g/kg。

2）相对湿度

相对湿度是指某一体积空气中实际含有的水蒸气量（f）与同温度下饱和水蒸气量

（$F_{饱}$）的百分比，见式（1-1）：

$$\varphi = \frac{f}{F_{饱}} \times 100\% \tag{1-1}$$

式中　　φ——相对湿度,% ；

　　　　f——空气中所含水蒸气量（即绝对湿度），g/m³ ；

　　　　$F_{饱}$——同温度下的空气饱和水蒸气量，g/m³ 。

空气饱和水蒸气量的大小取决于空气的温度，不同温度下空气的饱和水蒸气量见表 1-9。

表1-9　空气的饱和水蒸气量（大气压力为 0.1 MPa）

温度/℃	质量浓度/ $(g \cdot m^{-3})$	质量比/ $(g \cdot kg^{-1})$	水蒸气压 力/Pa	温度/℃	质量浓度/ $(g \cdot m^{-3})$	质量比/ $(g \cdot kg^{-1})$	水蒸气压 力/Pa
-20	1.1	0.8	128	14	12.0	9.8	1597
-15	1.6	1.1	193	15	12.8	10.5	1704
-10	2.3	1.7	288	16	13.6	11.2	1817
-3	3.4	2.6	422	17	14.4	11.9	1932
0	4.9	3.8	610	18	15.3	12.7	2065
1	5.2	4.1	655	19	16.2	13.5	2198
2	5.6	4.3	705	20	17.2	14.4	2331
3	6.0	4.7	757	21	18.2	15.3	2491
4	6.4	5.0	811	22	19.3	16.3	2638
5	6.8	5.4	870	23	20.4	17.3	2811
6	7.3	5.7	933	24	21.6	18.4	2984
7	7.7	6.1	998	25	22.9	19.5	3171
8	8.3	6.6	1068	26	24.2	20.7	3357
9	8.8	7.0	1143	27	25.6	22.0	3557
10	9.4	7.5	1227	28	27.0	23.4	3784
11	9.9	8.0	1311	29	28.5	24.8	4010
12	10.0	8.6	1402	30	30.1	26.3	4236
13	11.3	9.2	1496	31	31.8	27.3	4490

2. 井下相对湿度的测定方法

矿井空气的相对湿度可用风扇式湿度计（图 1-5a）或手摇式湿度计（图 1-5b）测定。这里仅就手摇式湿度计测定法介绍如下：手摇式湿度计是将两支构造相同的普通温度计装在一个金属框架上，为了加以区分，我们把其中一个称为干温度计，另一个称为湿温度计（即在温度计水银球上包裹湿纱布）。测定时手握摇把，以 150 r/min 的速度旋转 1 ~ 2 min。由于湿纱布水分蒸发，吸收了热量，使湿温度计的指示数值下降，与干温度计之间形成一个差值。根据干、湿温度计显示的读数差值和干温度计的指示数值查表 1-10，即可求得相对湿度。

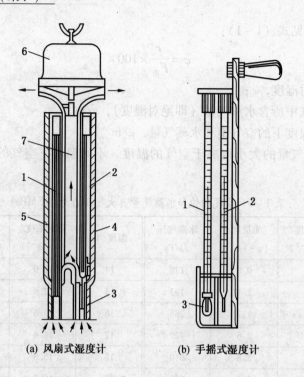

(a) 风扇式湿度计　　　(b) 手摇式湿度计

1—湿球温度计；2—干球温度计；3—湿纱布；4、5—双层金属保护管；6—通风道；7—风管

图 1-5　湿度计

表 1-10　由干、湿温度计读数查相对湿度

干温度计的指示数/℃	干温度计与湿温度计指示数之差/℃								干温度计的指示数/℃	干温度计与湿温度计指示数之差/℃							
	0	1	2	3	4	5	6	7		0	1	2	3	4	5	6	7
	相对湿度/%									相对湿度/%							
0	100	81	63	46	28	12	—	—	18	100	90	80	72	63	55	48	41
5	100	86	71	58	43	31	17	4	19	100	91	81	72	64	57	50	41
6	100	86	72	59	46	33	21	8	20	100	91	81	73	65	58	50	42
7	100	87	74	60	48	36	24	14	21	100	91	82	74	66	58	50	44
8	100	87	74	62	50	39	27	16	22	100	91	82	74	66	58	51	45
9	100	88	75	63	52	41	30	19	23	100	91	83	75	67	59	52	46
10	100	88	77	64	53	43	32	22	24	100	91	83	75	67	59	53	47
11	100	88	79	65	55	45	35	25	25	100	92	84	76	68	60	54	48
12	100	89	79	67	57	47	37	27	26	100	92	84	76	69	62	55	50
13	100	89	79	68	58	49	39	30	27	100	92	84	77	69	62	56	51
14	100	89	79	69	59	50	41	32	28	100	92	84	77	70	64	57	52
15	100	90	80	70	61	51	43	34	29	100	92	85	78	71	65	58	53
16	100	90	80	70	61	53	45	37	30	100	92	85	79	72	66	59	53
17	100	90	80	71	62	55	47	40									

【例 1 - 1】 已知干温度计的读数 $t_干 = 20$ ℃，湿温度计读数 $t_湿 = 17$ ℃，试求其相对湿度。

解 根据已知条件，可得干、湿温度计读数之差为

$$\Delta t = 3 \text{ ℃}$$

根据 $t_干 = 20$ ℃和 $\Delta t = 3$ ℃，查表 1 - 10 得：

相对湿度 $\qquad\qquad\qquad\qquad \varphi = 73\%$

通常所说的湿度一般均指相对湿度而言，相对湿度值是表示空气干、湿程度的参数。在一定的温度与压力下，饱和水蒸气量 $F_饱$ 是一个常数，而相对湿度 φ 和绝对湿度 f 成正比，φ 值越大，空气越潮湿；φ 值越小，空气越干燥。一般认为相对湿度 φ 值在 50% ~ 60% 较为适宜。

3. 矿井空气湿度的变化规律

(1) 矿井空气的湿度是随着地面空气湿度和井下滴水情况不同而变化的。

(2) 在一般情况下，在矿井进风路线上有冬干夏湿的现象。在冬季，地面空气进入矿井后，因温度升高，空气饱和能力加大（$F_饱$ 值增大），使相对湿度降低，所以沿途要吸收水分，使进风井巷显得干燥；夏季地面空气进入矿井后，温度逐渐下降，饱和能力变小，空气中所含的一部分水蒸气凝结成水珠，附着于巷道壁上，使沿途井巷显得潮湿。因此，在进风路线上往往出现"冬干夏湿"现象。但是，进风井巷如果有淋水，即使在冬天，也是潮湿的。

（三）井巷风速及测定

风速是指风流单位时间内流过的距离。井巷中的风速过高或过低都会影响工人的身体健康。风速过低时，汗水不易蒸发，人体多余热量不易散失掉，人就会感到闷热不舒服，同时瓦斯也容易积聚；风速过高时，容易使人感冒，矿尘飞扬，对安全生产和工人的身体健康都不利。因此，《煤矿安全规程》规定了采掘工作面和各类井巷的最低、最高允许风速，见表 1 - 11。

表 1 - 11 井巷中的允许风速

井 巷 名 称	允许风速/($\text{m} \cdot \text{s}^{-1}$)	
	最 低	最 高
无提升设备的风井和风硐		15
专为升降物料的井筒		12
风 桥		10
升降人员和物料的井筒		8
主要进、回风巷		8
架线电机车巷道	1.0	8
运输机巷，采区进、回风巷	0.25	6
采煤工作面、掘进中的煤巷和半煤岩巷	0.25	4
掘进中的岩巷	0.15	4
其他通风人行巷道	0.15	

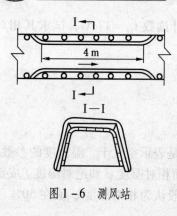

图1-6　测风站

为了及时掌握井巷风速是否符合要求，用风地点风量是否按计划供给，需要进行井巷风速测定工作。

1. 测风站的位置和要求

为了比较准确地掌握矿井的总进出风量和各工作场所的风量是否达到要求，掌握各井巷的风速是否符合规定，掌握矿井漏风情况，根据《煤矿安全规程》规定，每个矿井都必须建立测风制度，在各主要测风地点都要设置测风站。测风站的设置地点，应能满足测定全矿总进风量和总回风量，以及各翼、各水平及各采煤工作面进风量和回风量的要求。

测风站（图1-6）必须符合下列要求：

（1）测风站应设置在平直的巷道中，其前后10 m 范围内不得有障碍物和拐弯等局部阻力。

（2）测风站位于巷道不规整处时，其四壁应用木板或其他材料衬壁呈固定形状断面，长度不得小于4 m，且壁面光滑严密不漏风。

（3）测风站应悬挂测风记录牌，记录牌上记明测风站的断面积、平均风速、风量、空气温度、瓦斯和二氧化碳的浓度以及测定日期、测定人等项目。

2. 测风仪表与测风方法

1）风表的分类

井巷中的风速，一般用风表（或称风速计）测定。目前常用的风表按作用原理不同大致分为三大类型：机械翼式风表、电子翼式风表和热效式风表。风表的分类及其优缺点见表1-12。

表1-12　风表的分类及其优缺点

风表种类	优　点		缺　点
机械翼式	体积小，质量轻，可测平均风速		精度低，不能直接指示风速，不能自动化遥测，不能测微风
电子翼式	接近开关式（感应式）	能发展遥测，精确度比机械翼式高	叶片有惯性运动，所以测定值偏大；体积和重量比机械式大
	电容式	精确度比机械翼式高	构造复杂
	光电式	能直接指示瞬时风速	风速过高不能测，风速过低也不能测
热效式	热线式	没有惯性影响	热敏电阻和热球的测值呈非线性；受湿度和气体成分的影响
	热球式	高低风速均可测	
	热敏电阻式	能发展遥测	

风表根据测量风速的范围，又分为高速风表（$v > 10$ m/s）、中速风表（$v = 0.5 \sim$ 10 m/s）和低速风表（$v = 0.3 \sim 0.5$ m/s）3 种。

2）风表的结构及工作原理

我国煤矿目前仍广泛使用机械翼式风表，此类风表按其构造不同分为翼式（图 1 - 7）和杯式（图 1 - 8）两种。

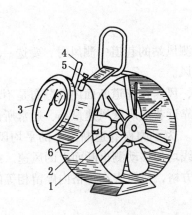

1—翼轮；2—蜗杆轴；3—计数器；
4—开关；5—回零压杆；6—护壳
图 1 - 7　翼式风表

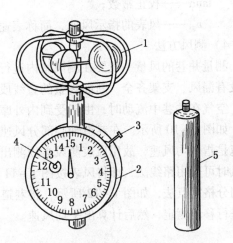

1—金属半圆杯；2—计数器；3—启动杆；
4—计时指针；5—表把
图 1 - 8　杯式风表

中速风表一般为翼式风表，如图 1 - 7 所示，其受风翼轮由 8 个叶片按照与旋转轴的垂直平面成一定角度安装组成，当翼轮转动时，通过蜗杆轴转动传给计数器，使指针转动，指示出翼轮转速。计数器上设有开关，当打开开关，指针即随翼轮转动，关闭开关，翼轮虽仍转动，但指针不动。回零压杆为回零装置，不论指针在何位置，只要按下压杆，长短指针立即回到零位。

高速风表为杯式，如图 1 - 8 所示。该风表由 3 ~ 4 个金属半圆杯组成，结构比较坚固，能经受高风速的吹击。该风表装有自动计时器，使用时用手按下启动杆，风速指针便回到零位，放开启动杆后，红色计时指针开始走动，同时风速指针也走动，到 1 min 时，风速指针自动停止，同时计时指针也转到最初位置停下来，即完成了一次风速测量。

低速风表的构造与中速风表相似，也为翼式，只是叶片更薄更轻，翼轮轴更细，因而当风速很低时也能转动。

3）风表的校正

由于风表本身构造和其他因素的影响（如使用过程中机件的磨损，检修质量等），翼轮的转速即表速不能反映真实风速，因此必须进行校正。根据风表校正仪得出的数据，将表速与真实风速之间的关系记载于风表的校正图表上。每只风表出厂前或使用一段时间后，须进行校正，并绘出风表校正曲线，以备测风速时使用。风表校正曲线，如图 1 - 9 所示。从风表校正曲线图上可以看出表速与真实风速关系，可用式（1 - 2）表示：

$$\begin{cases} v_{真} = \tan\alpha \cdot v_{表} + b \\ \tan\alpha = \dfrac{v_{真} - b}{v_{表}} \end{cases} \qquad (1-2)$$

式中 $v_{真}$——真实风速，m/s；

       b——风表启动初速常数，取决于风表本身的机械性能；

       $\tan\alpha$——校正常数；

       $v_{表}$——风表的指示风速，简称表速，m/s。

4）测风方法

测量井巷的风量一般要在测风站内进行，在没有测风站的巷道中测风时，要选一段巷道没有漏风、支架齐全、断面规整的直线段内进行测风。

空气在井巷中流动时，由于受到内外摩擦的影响，风速在巷道断面内的分布是不均匀的，如图1-10所示。在巷道轴心部分风速最大，而靠近巷道周壁风速最小，通常所说的风速是指平均风速，故用风表测风必须测出平均风速。为了测得巷道断面上的平均风速，测风时可采用路线法，即将风表按图1-11所示的路线均匀移动测出断面上的风速。或者采用分格定点法，如图1-12所示，将巷道分为若干方格，使风表在每格内停留相等的时间进行移动测定，然后计算出平均风速。

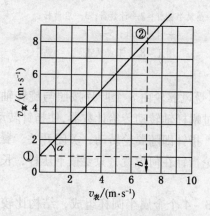

图1-9 风表校正曲线

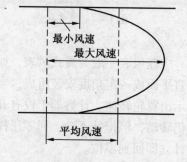

图1-10 风速流动状态

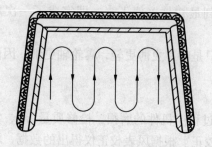

图1-11 风速移动路线

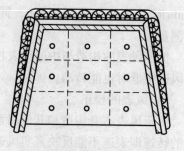

图1-12 定点法

测风时，测风员的姿势可采用迎面法或侧身法。迎面法是测风员面向风流方向，手持风表，将手臂向正前方伸直进行测风。此时因测风人员立于巷道中间，阻挡了风流前进，降低了风表测得的风速。为了消除测风时人体对风流的影响，须将测算的真实风速乘以校正系数（1.14）来得出实际风速。侧身法是测风人员背向巷道壁站立，手持风表，将手臂向风流垂直方向伸直，然后测风。用侧身法测风时，测风人员立于巷道内减少了通风断面，从而增大了风速，需对测风结果进行校正，其校正系数按式（1-3）计算：

$$K = \frac{S - 0.4}{S} \tag{1-3}$$

式中　　K——测风校正系数；

　　　　S——测风站的断面积，m^2；

　　　　0.4——测风人员阻挡风流的断面积，m^2。

测风时，先将风表指针回零位，使风表迎着风流，并与风流方向垂直，不得歪斜，待翼轮转动正常后，同时打开计时器的开关和秒表，在 1 min 内要使风表按路线法均匀地走完全断面，然后同时关闭秒表和风表，读取指针指示数。表速可按式（1-4）计算：

$$v_{表} = \frac{n}{t} \tag{1-4}$$

式中　　$v_{表}$——风表测得的表速，m/s；

　　　　n——风表刻度盘的读数，m；

　　　　t——测风时间，一般为 60 s。

用式（1-4）计算出表速 $v_{表}$，再从风表校正曲线中求得真风速 $v_{真}$，然后将真风速乘以测风校正系数 K，即可得到实际的平均风速。

$$v_{均} = Kv_{真} \tag{1-5}$$

式中　　$v_{均}$——测风断面上的平均风速，m/s。

$$Q = v_{均} \cdot S \tag{1-6}$$

式中　　Q——巷道通过风量，m^3；

　　　　S——巷道断面积，m^2。

5）测风注意事项

（1）风表度盘应一侧背向风流，即测风员能看到度盘；否则，风表指针会发生倒转。

（2）风表不能距人体太近，否则会引起较大的误差。

（3）风表在测量路线上移动时，速度一定要均匀。在实际工作中，这点常不被重视，由此引起的误差是很大的。如果风表在巷道中心部分停留的时间长，则测量结果较实际风速偏高，反之，测量结果较实际值偏低。

（4）叶轮式风表一定要与风流方向垂直，在倾斜巷道测风时，更应注意。风表偏角对测量结果的影响见表 1-13，由表可知偏角在 10°以内时所产生的误差可忽略不计。

（5）在同一断面测风次数不应少于 3 次，每次测量结果的误差不应超过 5%。

（6）风表的量程应和测定的风速相适应，否则，将造成风表损坏或测量不准确，甚至吹不动叶轮，无法测量。

（7）为了减少测量误差，一般要求在 1 min 的时间里，刚好使风表从移动路线的起点到达终点。

（8）使用前还应注意风表校正曲线的有效期。

表1-13　风表偏角对测量结果的影响

风表偏角/(°)	风表平均读数	误差/%
0	141.0	0
5	140.5	0.35
10	139.0	1.42
15	137.5	2.50
20	132.0	6.50

二、矿井气候条件的改善

矿井气候条件对人体热平衡的影响是一种综合的作用，各参数之间相互联系、相互影响。如人处在气温高、湿度大、风速小的高温潮湿环境中，这三者的散热效果都很差，这时由于人体散热太慢，体内产热量得不到及时散发，就会使人出现体温升高、心率加快、身体不舒服等症状，严重时可导致中暑、甚至死亡；相反，如人处在气温低、湿度小、风速大的低温干燥环境中，这三者的散热效果都很强，这时由于人体散热过快，就会使人体的体温降低，引起感冒或其他疾病。因此，调节和改善矿井气候条件是矿井通风的基本任务之一。

改善井下气候条件的目的就是将井下特别是采掘工作面的空气温度、湿度和风速调配得当，以创造良好的劳动环境，保证矿工的身体健康和提高劳动生产率。在煤矿生产过程中，要控制空气湿度是比较困难的，所以主要从调节气温和风速入手来改善井下气候条件。

1. 空气预热

冬季气温较低，为了保护矿工的身体健康和防止进风井筒、井底结冰造成提升、运输事故，必须对空气预先加热。通常采用的预热方法是使用蒸气或水暖设备，将一部分风量预热到70~80℃，并使其进入井筒与冷空气混合，以使混合后的空气温度不低于2℃。

2. 降温措施

我国南方地区在夏季地面空气温度高达38~40℃，直接影响井下空气温度；此外开采深度大、岩层温度高、井下涌水温度高及机电设备散热等原因也使采掘工作面出现了湿热的气候条件。目前采用的降温手段和方法有：

（1）通风降温。通风降温包括选择合理的通风系统，采用合适的通风方式，加强通风管理等。

按照矿井地质条件、开拓方式等选择进风风路最短的通风系统，可以减少风流沿途吸热，降低风流温升。在一般情况下，对角式通风系统的降温效果要比中央式好。采煤工作面的通风方式也对气温有影响，在相同的地质条件下，W型通风方式比U型和Y型能增加工作面的风量，降温效果更好。增加风量会对降温有作用，但这种作用随着风量增加而逐渐减弱，其减弱程度，因具体条件而异。

采用下行风对于降低采煤工作面的气温有比较明显的作用。对于发热量较大的机电硐室，应有独立的回风路线，以便把机电所发热量直接导入采区的回风流中。在局部地点使用水力引射器或压缩空气引射器，或使用小型局部通风机，以增加该点风速可起到降温的作用。向风流喷洒低于空气湿球温度的冷水也可降低气温，且水温越低效果越好。

（2）杜绝热源及减弱其散热强度。尽量采用岩石巷道进风，防止煤氧化生热的交换；避开局部热源；清除浮煤和不用的木料；防止暴晒的防尘水进入井下；防止暴晒的矿车、材料、设备下井。

（3）用冷水或冰块降低工作面温度。采煤工作面的进风巷道放置冰块，掘进工作面的局部通风机进风侧设置冰块，可以局部降低气温，但此方法消耗冰块量大。比较有效的办法是在采掘工作面用冷水喷雾降温。

（4）制冷降温。使用机械设备强制制冷来降低工作面气温。目前机械制冷方法有 3 种：地面集中制冷机制冷、井下集中制冷机制冷、井下移动式制冷机制冷。

技能训练

一、矿井空气中主要有害气体浓度的测定

1. 实训目的

（1）掌握 J–1 型手动采样器的构造、原理和使用方法。

（2）掌握比长式检定管测定 CO、CO_2 和 H_2S 的原理及方法。

2. 实训仪器和设备

有害气体浓度检测实训仪器和设备见表 1–14。

表 1–14 有害气体浓度检测实训仪器和设备

序 号	名 称	型号或规格	数 量
1	手动采样器	J–1 型	7
2	秒表	普通	7
3	CO 检定管	Ⅰ、Ⅱ、Ⅲ型	7
4	CO_2 检定管	Ⅰ、Ⅱ型	7
5	H_2S 检定管	Ⅰ型	7
6	CO 标准气体	普通	4
7	CO_2 标准气体	普通	4
8	H_2S 标准气体	普通	7

3. 实训内容及步骤

利用采样器和有害气体检测管检测有害气体浓度。实训步骤如下：

1）采样器气密性检查

将阀门把扳到与唧筒呈 45°的位置，快速把活塞抽拉 1~2 次，如活塞能恢复到原位，为气密性良好，否则不准使用。

2）采样器畅通性检查

将阀门把分别扳至水平和垂直位置，推拉活塞 3~4 次，若推拉自如，进出气畅通，表明仪器畅通性良好，否则需更换仪器使用。

3）抽取气样

（1）在测定地点，放平鉴定器，把阀门把扳至水平位置。

（2）将采样器气样入口连接到标准气体瓶的出口胶管上。

（3）打开标准气体出口阀门，将采样器活塞缓慢均匀拉出并拉到底，然后迅速关闭三通阀至 45°。

4）送气并读数

（1）将检定管两端切开，把浓度标尺"0"的一端插入采样器出气口的短胶管上。

（2）三通阀扳到与唧筒垂直位置，根据检定管上的规定时间将气体匀速推进检定管。

（3）标准气体与指示胶发生反应，产生一个变色环，根据变色环的位置，可直接从检定管上读出待测气体的浓度。

4. 实训数据表格

实训检测的数据填入表 1-15。

表 1-15　实训室空气中 CO、CO_2 和 H_2S 浓度记录表

检定气体	检定管型号	吸气装置	环境温度/℃	吸气时间/s	浓度读数/%			
					第一次	第二次	第三次	平均浓度
CO								
CO_2								
H_2S								

5. 分析总结

（1）由实训指导老师组织分析总结，测定一氧化碳含量时，棕色环并没有出现或者棕色环超过检定管最大量程的原因。

（2）如果测量环境空气的一氧化碳、二氧化碳或硫化氢浓度过大或过小，分析如何利用比长式检定管测定其浓度。

6. 实训考核

（1）根据学生在实习实训过程中的表现和实习成果分项评分。

（2）根据实训过程中记录的数据计算结果，由实训指导老师考核学生综合成绩。

二、井巷风速的测定

1. 训练目的

（1）学习风表的构造、原理及使用方法。

（2）掌握用风表测定井巷风速的方法。

2. 实训仪器和设备

实训仪器及设备见表 1-16。

表 1-16 巷道风速测定仪器及设备

序号	名 称	型号或规格	数 量	备 注
1	中、高、低速风表	普通	7	根据测点风速选择高、中、低速风表
2	秒表	普通	7	

3. 实训内容及步骤

（1）风速测定地点应在实训矿井或模拟巷道内进行，打开风机，使待测地点有风流通过。

（2）在测风站内，根据风速大小选择适合的风表，关闭风表开关并压下回零压杆，将大小指针归还零位。

（3）测风人员使风表的旋转面与分流方向垂直，克服仪表运转部分的惰性抵抗，先使其空转 20 ~ 30 s。

（4）同时按下风表开关和秒表，在 1 min 内使风表按路线法均匀地走完全断面，然后同时关闭秒表和风表，读取指针指示数 n_1。

（5）重复步骤（4），获得指针指示数 n_2、n_3。

（6）检验 3 次测量结果的最大误差 E 是否超过 5% 。$E \leqslant 5\%$，说明测量数据精度符合要求；$E > 5\%$，说明测量数据精度不符合要求，需要重新测定。

（7）计算风表指针的平均指针数 n。

$$n = \frac{n_1 + n_2 + n_3}{3}$$

（8）按式（1-4）计算风表的表速。

（9）查风表校正曲线，计算真实风速 $v_{真}$。

（10）根据式（1-5），计算平均风速。

其中，K 根据测风员的姿势不同，取值也不同。

4. 分析总结

（1）由实训指导教师组织分析，测风时风表距离人体太近会产生什么样的误差?

（2）测风时，当风表与风流方向不垂直时，会使测量结果偏大还是偏小?

5. 实训考核

（1）根据学生在实习实训过程中的表现和实习成果分项评分。

（2）根据实训过程中记录的结果和计算结果，由实训指导老师考核学生综合成绩。

复习思考题

1. 地面空气的主要成分是什么? 矿井空气与地面空气有何区别?

2. 《煤矿安全规程》对矿井空气主要成分的浓度标准有哪些具体规定?

3. 造成矿井空气中氧浓度减少的主要原因有哪些?

4. 矿井空气中的主要有害气体有哪些? 其性质、来源、危害有哪些? 《煤矿安全规程》规定的最高允许浓度为多少?

5. 防止有害气体的措施有哪些?

6. 什么叫矿井气候条件？什么叫空气湿度？什么叫绝对湿度、相对湿度？

7. 影响矿井空气温度的因素和矿井空气温度的变化规律是什么？

8. 设置测风站必须符合哪些要求？

9. 测风仪表按其工作原理、构造以及测风范围各分为几类？

10. 用风表测风为什么要校正其读数？用迎面法与侧身法测风时其校正系数为什么不同？

11. 用风表测风时应注意哪些事项？

12. 改善矿井气候条件应采取哪些措施？

第二章　矿井通风压力

第一节　空气的主要物理性质

正确理解和掌握空气的主要物理性质是学习矿井通风的基础。与矿井通风密切相关的空气物理性质有：温度、压力、密度、比容、黏性、湿度等。本节主要介绍空气的密度、压力、黏性等物理性质。

一、密度

单位体积空气所具有的质量称为空气的密度，用符号 ρ 表示。即

$$\rho = \frac{M}{V} \tag{2-1}$$

式中　M——空气的质量，kg；

　　　V——空气的体积，m^3。

一般来说，空气的密度是随温度、湿度和压力的变化而变化的。在标准大气状况下（$p = 101325\ Pa$，$t = 0\ ℃$，$\varphi = 0$），干空气的密度为 1.293 kg/m^3。湿空气密度通过下式计算：

$$\begin{cases} \rho_{湿} = 0.003484\ \dfrac{p}{T}\left(1 - 0.378\ \dfrac{\varphi p_{饱}}{p}\right) \\ T = 273 + t \end{cases} \tag{2-2}$$

式中　$\rho_{湿}$——湿空气的密度，kg/m^3；

　　　p——空气的压力，Pa；

　　　T——热力学温度，K；

　　　t——空气的温度，℃；

　　　φ——相对湿度，%；

　　　$p_{饱}$——温度为 t（℃）时的饱和水蒸气压力，Pa。

二、压力

空气的压强在矿井通风中习惯称为压力，用符号 p（Pa）表示。它是空气分子热运动对器壁碰撞的宏观表现。其大小取决于在重力场中的位置（相对高度）、空气温度、湿度和气体成分等参数。根据物理学的分子运动理论，空气的压力可用下式表示：

$$p = \frac{2}{3}n\left(\frac{1}{2}mv^2\right) \tag{2-3}$$

式中　n——单位体积内的空气分子数；

$\dfrac{1}{2}mv^2$——分子平移运动的平均动能。

由式（2-3）可知，空气的压力是单位体积内空气分子不规则热运动产生的总动能的2/3，转化为能对外做功的机械能。因此，空气压力的大小是可以测量的。

三、黏性

当流体层间发生相对运动时，在流体内部两个流体层的接触面上，便产生黏性阻力（内摩擦力）以阻止相对运动。流体具有的这一性质，称作流体的黏性。例如，空气在管道内作层流流动时，管壁附近的流速较小，向管道轴线方向流速逐渐增大。在矿井通风中还常用运动黏性系数 $v(\mathrm{m^2/s})$ 和动力黏系数 $\mu(\mathrm{Pa \cdot s})$ 表示空气的黏性大小。

温度是影响流体黏性的主要因素之一，但对气体和液体的影响不同。气体的黏性随温度的升高而增大；液体的黏性随温度的升高而减小。v 与 μ 的关系为

$$v = \frac{\mu}{\rho} \tag{2-4}$$

第二节 风流能量与压力

能量与压力是通风工程中两个重要的基本概念，它们既密切相关又有区别。风流之所以能在系统中流动，其根本的原因是系统中存在着促使空气流动的能量差。当空气的能量对外做功有力的表现时称为压力。压力是可以测定的，因此压力可以理解为单位体积空气所具有的能够对外做功的机械能。在矿井通风系统中，风流在井巷断面上所具有的总机械能和内能称为风流的能量。总机械能包括静压能、位能和动能，在井巷风流任一断面上静压能、位能和动能通过静压、位压和动压呈现。

一、风流能量与压力的概念

1. 静压能与静压

1）静压能与静压概念

由分子运动理论可知，无论空气是处于静止还是流动状态，空气的分子无时无刻不在作无秩序的热运动。这种由分子热运动产生的分子动能的一部分所转化的能够对外做功的机械能叫静压能，用 $E_{静}$ 表示（$\mathrm{J/m^3}$）。当空气分子撞击到器壁上时就有了力的效应，这种单位面积上力的效应称为静压力，简称静压，用 $p_{静}$ 表示（$\mathrm{N/m^2}$，即 Pa）。

由空气分子热运动而具有静压能是内涵，空气分子撞击器壁而有力的效应则是外在表现。静压能和静压是一个事物的两个方面，它们在数值上大小相等。

2）静压特点

（1）无论静止的空气还是流动的空气都具有静压。

（2）风流中任一点的静压各向同值，且垂直于作用面。

（3）风流静压的大小（可以用仪表测量）反映了单位体积风流所具有的能够对外做功的静压能的多少。

3）压力的两种测算基准

根据压力的测算基准不同，压力可分为绝对压力和相对压力。

（1）绝对压力。以真空为测算零点（比较基准）而测得的压力称之为绝对压力，用 p 表示。

（2）相对压力。以当地当时同标高的大气压力为测算基准（零点）测得的压力称之为相对压力，即通常所说的表压力，用 h 表示。

风流的绝对压力（p）、相对压力（h）和与当地同标高的大气压力（p_0）三者之间的关系为

$$h = p - p_0 \tag{2-5}$$

某点的绝对静压只能为正，它可能大于、等于或小于该点同标高的大气压 p_0，因此相对压力则可正、可负。相对压力为正称为正压通风，相对压力为负称为负压通风。图 2-1 比较直观地反映了绝对压力和相对压力的关系。设有 A、B 两点同标高，A 点绝对压力 p_A 大于同标高的大气压 p_0，h_A 为正值；B 点的绝对压力 p_B 小于同标高的大气压 p_0，h_B 为负值。

2. 位能与位压

1）位能与位压的概念

物体在地球重力场中因地球引力的作用，由于位置的不同而具有的一种能量叫重力位能，简称位能，用 $E_{位}$ 表示。如果把质量为 M 的物体从某一基准面提高 Z，就要对物体克服重力做功 MgZ，物体因而获得同样数量的重力位能，即

$$E_{位} = MgZ \tag{2-6}$$

位能以压力的形式呈现叫位压，用 $p_{位}$ 表示。

2）位压的计算

如图 2-2 所示，断面 1 至断面 2 之间空气柱对底面产生的位压用下式计算：

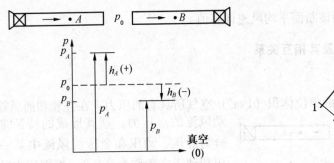

图 2-1 绝对压力、相对压力和大气压之间的关系   图 2-2 位压计算示意图

$$p_{位} = \rho_{1-2} g Z \tag{2-7}$$

式中　ρ_{1-2}——断面 1 至断面 2 空气柱平均平均密度，kg/m³；

　　　Z——断面 1 至断面 2 垂直高度，m。

3）位压的特点

（1）位压是相对某一基准面而具有的能量，它随所选基准面的变化而变化。在讨论位压时，必须首先选定基准面。一般应将基准面选在所研究系统风流流经的最低水平。

（2）位压是一种潜在的能量，常说某处的位压是对某一基准面而言，它在本处对外无力的效应，即不呈现压力，故不能像静压那样用仪表进行直接测量。只能通过测定高差及空气柱的平均密度来计算。

（3）位压和静压可以相互转化，当空气由标高高的断面流至标高低的断面时位压转化为静压；反之，当空气由标高低的断面流至标高高的断面时部分静压转化为位压。在进行能量转化时遵循能量守恒定律。

3. 动能与动压

1）动能与动压的概念

当空气流动时，除了位能和静压能外，还有空气定向运动的动能，用 $E_动（J/m^3）$ 表示。其动能所转化显现的压力叫动压或称速压，用符号 $h_动$ 或 $h_速$ 表示，单位 Pa。

2）动压的计算

设某点的空气密度为 ρ，其定向流动的速度为 v，则单位体积空气所具有的动能为 $E_动$，即

$$E_动 = \frac{1}{2}mv^2 \qquad (2-8)$$

$E_动$ 对外所呈现的动压 $h_动$ 为

$$h_动 = \frac{1}{2}\rho v^2 \qquad (2-9)$$

由此可见，动压是单位体积空气在作宏观定向运动时所具有的能够对外做功的动能。

3）动压的特点

（1）只有做定向流动的空气才具有动压，因此动压具有方向性。

（2）动压总是大于零，恒为正，无绝对与相对之分。

（3）在同一流动断面上，由于风速分布的不均匀性，各点的风速不相等，所以其动压值不等。

（4）某断面动压即为该断面平均风速计算值。

二、井巷风流点压力及其相互关系

1. 风流点压力

风流点压力是指测点的单位体积（1 m³）空气所具有的压力。在井巷和通风管道中流动风流的点压力，就其形成的特征来说，可分为静压、动压和全压（风流中某一点的静压和动压之和称为全压）。根据压力的两种计算基准，静压又分为绝对静压（$p_静$）和相对静压（$h_静$）；同理，全压也可分绝对全压（$p_全$）和相对全压（$h_全$）。

在图 2-3 的通风管道中，在压入式通风时，风筒中任一点 i 的相对全压 $h_全$ 恒为正值，所以称为正压通风；在抽出式通风时，除风筒的风流入口断面的相对全压为零外，风筒

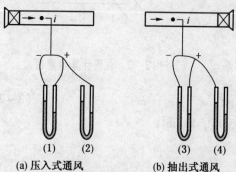

(1)　　(2)　　　　(3)　　(4)
(a) 压入式通风　　　(b) 抽出式通风

图 2-3　压入式和抽出式通风管道

内任一点 i 的相对全压 $h_全$ 恒为负值，故又称为负压通风。

2. 风流点压力测定

测定风流点压力的常用仪器是压差计和皮托管。压差计是测量压力差或相对压力的仪器。在矿井通风中测定较大压差时，常用 U 型水柱计；测值较小或要求测定精度较高时，则用各种倾斜压差计或补偿式微压计。皮托管是一种测压管，它是承受和传递压力的工具。它由两个同心管（一般为圆形）组成，其结构如图 2 - 4 所示。尖端孔口 a 与标着"＋"号的接头相通，侧壁小孔 b 与标着"－"号的接头相通。

测压时，将皮托管插入风筒，如图 2 - 5 所示。将皮托管尖端孔口 a 正对风流，侧壁小孔 b 平行于风流方向，此时只感受绝对静压 $p_静$，故称为静压孔；端孔 a 除了感受 $p_静$ 的作用外，还受该点的动压 $h_动$ 的作用，因此称之为全压孔。用胶皮管分别将皮托管的"＋""－"接头连至压差计上，即可测定该点的点压力。如图 2 - 5 所示的连接，测定的是 i 点的动压；如果将皮托管"＋"接头与压差计断开，这时测定的是 i 点的相对静压；如果将皮托管"－"接头与压差计断开，这时测定的是 i 点的相对全压。

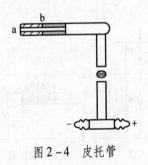

图 2 - 4　皮托管

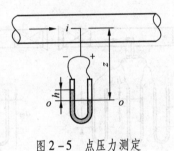

图 2 - 5　点压力测定

3. 风流点压力的相互关系

由上面讨论可知，风流中任一点的 $p_全$、$p_静$ 和 $h_动$ 的关系为

$$p_全 = p_静 + h_动 \qquad (2-10)$$

风流中任一点的相对全压 $h_全$ 与绝对全压 $p_全$、相对静压 $h_静$ 与绝对静压 $p_静$ 及 p_0 的关系为

$$\begin{cases} h_全 = p_全 - p_0 \\ h_静 = p_静 - p_0 \end{cases} \qquad (2-11)$$

式中　p_0——与风道中某点同标高的大气压，Pa。

在压入式风道中 $p_全 > p_0$、$p_静 > p_0$；在抽出式风道中 $p_全 < p_0$、$p_静 < p_0$。$h_全$、$h_静$ 和 $h_动$ 三者之间的关系为

（1）压入式通风。

$$\begin{cases} h_静 = p_静 - p_0 \\ \begin{aligned} h_全 &= p_全 - p_0 \\ &= (p_静 + h_动) - p_0 \\ &= (p_静 - p_0) + h_动 \\ &= h_静 + h_动 \end{aligned} \end{cases} \qquad (2-12)$$

即

$$h_全 = h_静 + h_动 \qquad (2-13)$$

（2）抽出式通风。

$$-h_静 = p_静 - p_0 \text{ 或 } h_静 = p_0 - p_静$$

$$-h_全 = p_全 - p_0$$

$$= (p_静 + h_动) - p_0$$

$$= (p_静 - p_0) + h_动$$

$$= -h_静 + h_动 \qquad (2-14)$$

即

$$-h_全 = -h_静 + h_动$$

因为在抽出式通风中，对于某点的相对静压和相对全压都采用不带符号的习惯写法，故上式可写为

$$h_全 = h_静 - h_动 \qquad (2-15)$$

则 $h_全$、$h_静$ 和 $h_动$ 三者之间的数学表达式为

$$h_全 = h_静 \pm h_动 \qquad (2-16)$$

图 2-6 清楚地表示出不同通风方式时风流中某点各种压力的关系。

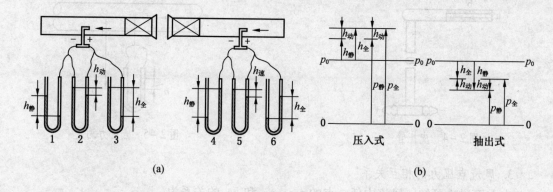

(a)　　　　　　　　　　　　(b)

图 2-6　不同通风方式时风流中某点各种压力的关系

【例 2-1】如图 2-3a 所示的压入式通风风筒中某点 i 的 $h_静 = 1000\,\text{Pa}$，$h_动 = 150\,\text{Pa}$，风筒外与 i 点同标高的 $p_0 = 101332\,\text{Pa}$，求：（1）i 点的绝对静压 $p_静$；（2）i 点的相对全压 $h_全$；（3）i 点的绝对全压 $p_全$。

解　（1）根据式（2-12）：$p_静 = 101332 + 1000 = 102332\,\text{Pa}$。

（2）根据式（2-13）：$h_全 = 1000 + 150 = 1150\,\text{Pa}$。

（3）根据式（2-11）：$p_全 = 101332 + 1150 = 102482\,\text{Pa}$。

【例 2-2】如图 2-3b 所示的抽出式通风风筒中某点 i 的 $h_静 = 1000\,\text{Pa}$，$h_动 = 150\,\text{Pa}$，风筒外与 i 点同标高的 $p_0 = 101332\,\text{Pa}$，求：（1）i 点的绝对静压 $p_静$；（2）i 点的相对全压 $h_全$；（3）i 点的绝对全压 $p_全$。

解　（1）根据式（2-14）：$p_静 = 101332 - 1000 = 100332\,\text{Pa}$。

（2）根据式（2-15）：$h_全 = 1000 - 150 = 850\,\text{Pa}$。

（3）根据式（2-14）：$p_全 = 101332 - 850 = 100482\,\text{Pa}$。

三、通风压力与压差

1. 通风压力与压差的概念

风流在流动过程中，因阻力作用而引起通风压力的降落，称为压降、压差或称压力损失。压差可表现为总压差、静压差、动压差、位压差和全压差。

井巷风流中两断面之间的总压差是造成空气流动的根本原因，空气流动的方向总是从总压力大的地点流向总压力小的地点。

井巷内空气借以流动的压力称为通风压力，矿井通风压力就是进风井口断面与出风井口断面的总压力之差，它是由主要通风机和自然风压作用造成的。

2. 静压差与全压差测量

测量井巷风流中两点之间的静压差与全压差常用皮托管和压差计，其布置方法如图 2-7 和图 2-8 所示。在两测点各布置一支皮托管，将两支皮托管的 "-" 管脚用胶皮管连到一个压差计的两侧玻璃管上，则此时压差计两侧管内液面高低差即为该两点间的静压差 $h_{静}$；将两支皮托管的 "+" 管脚用胶皮管连到一个压差计的两侧玻璃管上，则此时压差计两侧管内液面高低差即为该两点间的全压差 $h_{全}$。

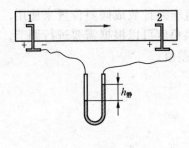
图 2-7 静压差测量

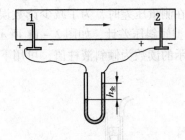
图 2-8 全压差测量

四、压力测量仪器的使用

压力常用测量仪器有空盒气压计、U 型垂直压差计、U 型倾斜压差计、单管倾斜压差计、皮托管、补偿式微压计、矿井通风参数检测仪 7 种。

1. 空盒气压计

测量绝对压力一般用空盒气压计，其外形和构造如图 2-9 所示。其原理是以随大气压力变化而产生轴向移动的真空膜盒作为感应元件，它通过拉杆和传动机构带动指针，指示出当时某测点的绝对静压值。当大气压力增加时，膜盒被压缩，通过传动机构使指针顺时针方向偏转一定角度；当大气压力减小时，膜盒就膨胀，通过传动机构使指针逆时针方向偏转一定角度。根据指针在刻度盘上的位置，便可直接读出压力值。

空盒气压计一般用于测量绝对压力。测量绝对静压时，将空盒气压计水平放置于测点，待指针变化稳定后，即可从刻度盘上直接读出静压显示值，然后根据测点温度和仪器本身的误差校正表进行校正，即可得到该点的实际静压值（$p_{静}$）。

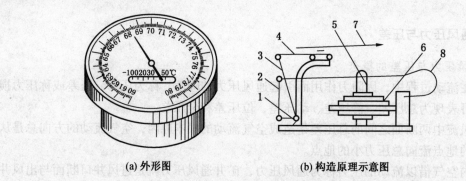

(a) 外形图　　　　　　　　　　　　(b) 构造原理示意图

1、2、3、4—传动机构；5—拉杆；6—真空膜盒；7—指针；8—弹簧

图 2-9　空盒气压计

2. U 型垂直压差计

U 型垂直压差计如图 2-10 所示，它是由垂直放置的 U 型玻璃管和刻度尺组成，U 型管中灌入蒸馏水，故也叫 U 型垂直水柱计。测压时，当进入玻璃管两端的空气压力不相等时，则 U 型玻璃管中的水面形成高低差，其差值即表示两点间的压力差。

3. U 型倾斜压差计

在测量压差时，为了减少读数误差，将 U 型垂直压差计放成倾斜位置来使用，称其为 U 型倾斜压差计，如图 2-11 所示。测量时其倾斜角度可以根据需要进行调节，压差计显示的读数为倾斜液柱值，可用下式计算出实际压差值：

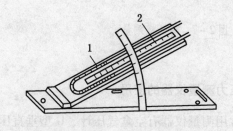

1—U 型玻璃管；2—刻度尺

图 2-10　U 型垂直压差计　　　　　图 2-11　U 型倾斜压差计

$$h = L \Delta g \sin \alpha \qquad\qquad (2-17)$$

式中　　L——倾斜压差计的读数，mm；

　　　　Δ——仪器所灌液体的密度与水的密度之比值；

　　　　g——重力加速度，m/s^2；

　　　　α——仪器的倾角，(°)。

4. 单管倾斜压差计

我国煤矿目前常用的单管倾斜压差计有 Y-61 型、M 型、KSY 型等。Y-61 型单管倾斜压差计的结构如图2－12所示，在三角形的底座上装设容器与带刻度的玻璃管，并有胶皮管及注液孔螺钉、三通旋塞及零位调整螺钉，仪器的底座上有水准泡和调平螺钉。玻璃管的倾角可借弧形板与销钉来调节。为了读数准确，玻璃管上装有活动游标。

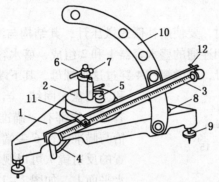

1—底座；2—容器；3—玻璃管；4—胶皮管；5—注液孔螺钉；6—三通旋塞；
7—零位调整螺钉；8—水准泡；9—调平螺钉；10—弧形板；11—游标；12—管接头

图2－12　Y－61型单管倾斜压差计

零位调整螺钉的下部是一个浸入液体的圆柱体，若转动螺钉就可以改变圆柱体浸入液体的深度，从而易使液柱对准零位。三通旋塞如图2－13所示，当手柄转至"校准"位置时（图2－13a），容器经过中心孔和中间管接头与大气相通，此时可转动零位调整螺钉使液柱对零。当手柄转至"测压"位置时（图2－13b），容器2经过中心孔与"＋"压管接头相通，同时"－"压管接头与中间管接头也相通；如被测压力高于大气压力时，将被测压力管子接在"＋"压管接头上；如被测压力低于大气压力时，应先用胶皮管将中间管接头与玻璃管3上端的管接头12接通，然后将被测压力管子接在"－"压管接头上；如测量压力差时，则将被测的高压管子接在"＋"压管接头上，将低压管子接在"－"压管接头上。

5．皮托管

皮托管如图2－14所示，它由内外两小管组成。内管前端有中心孔与标有"＋"号的管脚相通，外管前端不通，在其侧壁上开有4～6个小孔与标有"－"号的管脚相通。内外管之间互不连通。

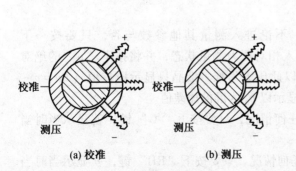

校准

测压

(a) 校准　　　(b) 测压

图2－13　三通旋塞

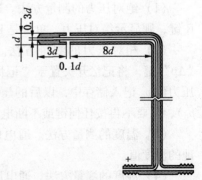

图2－14　皮托管

皮托管的用途是接受压力并通过胶皮管传递给压差计。使用时其中心孔应正对（迎向）风流方向，此时中心孔将接受风流的点静压和点动压，即与中心孔相连通的标有"+"号的管脚传递绝对全压；而皮托管侧壁上的小孔则只能接受风流的点静压，即与管侧壁小孔相连通的标有"−"号的管脚仅传递绝对静压。

6. 补偿式微压计

在做精细的压差测量时，要使用补偿式微压计，其结构与测压原理如图 2−15 所示。它是由两个用胶皮管 3 互相连通的盛水容器 1 和 2 组成，盛水容器 2 的位置固定不动，在盛水容器 1 的中心处有螺母，测微螺杆 4 穿过这个螺母，其下端和仪器底座铰接，而上端和微调盘 5 固结，当缓慢旋转微调盘时，盛水容器 2 底部有一瞄准尖针 6，当该容器中水面恰与瞄准尖针 6 尖端接触时，则从光学观察装置的反射镜 7 可以观察出针尖与其倒影尖对在水平面上，如图 2−15 中 8 所示。

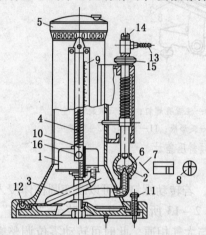

1、2—盛水容器；3—胶皮管；4—测微螺杆；5—微调盘；6—瞄准尖针；7—反射镜；8—尖端正、倒影像相接；9—标尺；10—指示标；11—调整螺钉；12—水准泡；13—"+"压接头；14—密封螺钉；15—调节螺母；16—"−"压接头

图 2−15　补偿式微压计

测压时将高压胶皮管接到"+"压接头 13 上，低压胶皮管接到"−"压接头 16 上，则盛水容器 2 中水面下降，瞄准尖针露出水面，盛水容器 1 中水面上升。此时若提高盛水容器 1，使盛水容器 2 的水面再回到原来瞄准尖针的水平上，即用水柱高 h 来平衡两容器中水面所受的压差，此水柱高 h 实际上就是盛水容器 1 上提的高度，所以读出其上提高度后，就得到压差。标尺 9 的每一刻度为 1 mm，共 150 mm，微调盘上的游标分成 200 份，每转一周为 2 mm，利用游标可读出最小读数。

7. 矿井通风参数检测仪

JFY 型矿井通风参数检测仪由压力传感器、风速传感器、温度传感器、湿度传感器及智能微机组成。它用于测量矿井绝对压力、相对压力、风速、温度、湿度、时间，为科学管理矿井通风以及测定矿井风网压能提供了有效手段。

各种参数测量的操作方法如图 2−16 所示。

（1）绝对压力的测量方法。通电后，整机进入自检状态，显示传感器的周期数，按 R 键，则显示绝对压力，单位是 kPa。

（2）相对压力的测量方法。通电后，不论进入测量其他参数与否，只要按一下"Δp"键，将记忆开关置于"记忆"，则进入相对压力测量状态，并将按下"p"的绝对压力值 p_0 记入储存中，以后的压力测量均以此压力为准，液晶只显示压差值（$\Delta p = p - p_0$），只要不再按任何键或不断电，它永久显示以 p_0 为准的压差值。

（3）温度的测量方法。通电后，不论任何情况，只要按下"℃"键，就显示当时当地的温度值。

（4）湿度的测量方法。通电后，不论任何情况，只要按下"RH"键，就显示当时当地的湿度值。

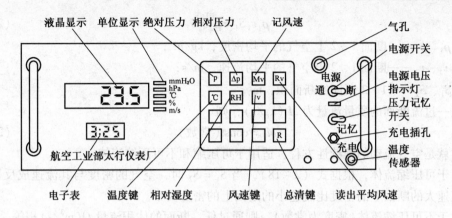

图 2-16　JFY 型矿井通风参数检测仪板面图

（5）风速的测量方法。通电后，将风速传感器拿到测量点上，把风速传感器上头的箭头朝向风流的方向，按下"v"键则显示此时此地的风速值。

测量井巷断面平均风速值，通常采用 9 点法（图 2-17），其操作方法如下：

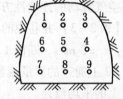

图 2-17　风速测量布点图

先按下"v"键；将风速传感器拿到 1 点处，箭头朝向风流方向；然后按"Mv"键，即显示该点风速，随后显示"1"，表示 1 点处风速已记入储存中。将传感器拿到 2 点处，箭头朝向风流方向；然后按"Mv"键，即显示该点风速，随后显示"2"，表示 2 点处风速已记入储存中，若此时按"Rv"键，则可读出其 1、2 两点处的风速平均值。

用同样的方法分别测量 3、4、…、9 点处的风速平均值，最后再按"Rv"键，则可读出 1~9 点处的风速平均值。

第三节　通风能量方程

当空气在井巷中流动时，将会受到通风阻力的作用，消耗其能量；为保证空气连续不断地流动，就必须有通风动力对空气做功，使得通风阻力和通风动力相平衡。空气在其流动过程中，由于自身的因素和流动环境的综合影响，空气的压力、能量和其他状态参数沿程将发生变化。

一、空气流动的连续性方程

质量守恒是自然界中基本的客观规律之一。根据质量守恒定律：对于稳定流（流动参数不随时间变化的流动称之稳定流），流入某空间的流体质量必然等于流出其空间的流体质量。风流在井巷中的流动可以看作是稳定流，当空气井巷中从断面 1 流向断面 2（图 2-18），且做定常流动时（即在流动过程中不漏风又无补图 2-18　一元稳定流连续性　给），则两个过流断面的空气质量流量相等，即

$$\rho_1 v_1 S_1 = \rho_2 v_2 S_2 \qquad (2-18)$$

式中　ρ_1、ρ_2——断面1、2上空气的平均密度，kg/m^3；

　　　v_1、v_2——断面1、2上空气的平均流速，m/s；

　　　S_1、S_2——1、2断面的断面积，m^2。

任一过流断面的质量流量为 $M_i(kg/s)$，则

$$M_i = \text{const}(\text{常数}) \qquad (2-19)$$

这就是空气流动的连续性方程，适用于可压缩和不可压缩流体。

对于可压缩流体，根据式（2-18），当 $S_1 = S_2$ 时，空气的密度与其流速成反比，也就是流速大的断面上的密度比流速小的断面上的密度要小。

对于不可压缩流体（密度为常数），则通过任一断面的体积流量 $Q(m^3/s)$ 相等，即

$$Q = v_i S_i = \text{const}(\text{常数}) \qquad (2-20)$$

井巷断面上风流平均流速与过流断面面积成反比。即在流量一定的条件下，空气在断面大的地方流速小，在断面小的地方流速大。

空气流动的连续性方程为井巷风量的测算提供了理论依据。

【例2-3】井巷中的风流由断面1流至断面2时（图2-18），已知 $S_1 = 10\ m^2$，$S_2 = 8\ m^2$，$v_1 = 3\ m/s$，断面1、2的空气密度：$\rho_1 = 1.18\ kg/m^2$，$\rho_2 = 1.20\ kg/m^3$，求：（1）断面1、2上通过的质量流量 M_1、M_2；（2）断面1、2上通过的体积流量 Q_1、Q_2；（3）断面2上的平均流速。

解　（1）$M_1 = M_2 = v_1 S_1 \rho_1 = 3 \times 10 \times 1.18 = 35.4\ kg/s$。

（2）$Q_1 = v_1 S_1 = 3 \times 10 = 30\ m^3/s$。

$Q_2 = M_2/\rho_2 = 35.4/1.20 = 29.5\ m^3/s$。

（3）$v_2 = Q_2/S_2 = 29.5/8 = 3.69\ m/s$。

二、巷道中风流的能量方程

前面我们已经讲述过，井巷风流中任一断面单位体积空气对某基准面而言具有3种能量，即静压能（$E_{静}$）、动能（$E_{动}$）和位能（$E_{位}$），而这3种能量一般又分别用静压 $p_{静}$、动压 $p_{动}$ 和位压 $p_{位}$ 3种压力来体现，且有

$$E_{静} = p_{静}$$

$$E_{动} = h_{动} = \frac{1}{2}\rho v^2$$

$$E_{位} = p_{位} = Z\rho g$$

总能量 　　　　$$E_{总} = E_{静} + E_{动} + E_{位}$$

或 　　　　$$p_{总} = p + \frac{1}{2}\rho v^2 + Z\rho g$$

考察通风巷道内之空气柱 A（图2-19），设空气气柱 A 位于断面Ⅰ-Ⅰ时所具有的总能量为

$$p_{总1} = p_1 + \frac{1}{2}\rho_1 v_1^2 + Z_1 \rho_1 g$$

空气柱 A 流动到断面Ⅱ-Ⅱ时所具有的总能量为

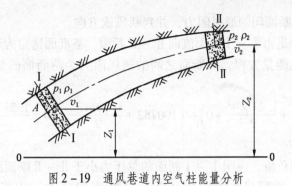

图 2-19 通风巷道内空气柱能量分析

$$p_{\text{总}2} = p_2 + \frac{1}{2}\rho_2 v_2^2 + Z_2\rho_2 g$$

根据能量守恒及转换定律,有

$$p_1 + \frac{\rho_1 v_1^2}{2} + Z_1\rho_1 g = p_2 + \frac{\rho_2 v_2^2}{2} + Z_2\rho_2 g + h_{\text{阻}1-2} \qquad (2-21)$$

或

$$h_{\text{阻}1-2} = \left(p_1 + \frac{\rho_1 v_1^2}{2} + Z_1\rho_1 g\right) - \left(p_2 + \frac{\rho_2 v_2^2}{2} + Z_2\rho_2 g\right) \qquad (2-22)$$

式中　　　p_1、p_2——单位体积空气在风流 I、II 两断面上所具有的静压能,Pa;

$\dfrac{\rho_1 v_1^2}{2}$、$\dfrac{\rho_2 v_2^2}{2}$——单位体积空气在风流 I、II 两断面上所具有的动能,N·m/m³

　　　　　　　或 Pa;

$Z_1\rho_1 g$、$Z_2\rho_2 g$——单位体积空气在风流 I、II 两断面上所具有的位能,N·m/m³ 或 Pa;

$h_{\text{阻}1-2}$——单位体积空气在风流 I、II 两断面之间的能量损失或通风阻力,

　　　　　　　N·m/m³ 或 Pa。

式 (2-22) 就是矿井通风中经常应用的能量方程式,也叫伯努利方程式。

从能量观点讲,式 (2-22) 表示井巷风流中第 I 断面单位体积空气的总能量与第 II 断面单位体积空气的总能量之差即能量损失;从压力观点讲,公式 (2-22) 表示井巷风流中第 I 断面的总压力与第 II 断面的总压力之差即为两断面间的通风阻力。

三、能量方程在矿井通风中的应用

1. 计算井巷通风阻力并判断风流方向

通风能量方程式是空气流动的基本定律,在矿井通风中应用极为广泛,这里仅举几例说明如何利用通风能量方程式计算井巷通风阻力和判断风流方向。

【例 2-4】某倾斜巷道如图 2-20 所示,已知断面 I-I 和断面 II-II 的 $p_{\text{静}1} = 100421$ Pa,$p_{\text{静}2} = 100782$ Pa;$v_1 = 4$ m/s,$v_2 = 3$ m/s;$\rho_1 = 1.21$ kg/m³,$\rho_2 = 1.20$ kg/m³;I-I 断面和 II-II 断面的高差

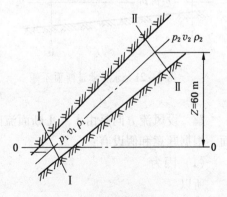

图 2-20 倾斜巷道断面不等

为 $Z = 60$ m。试求两断面间的通风阻力，并判断风流方向。

解　设风流方向是由 Ⅰ－Ⅰ 断面流向 Ⅱ－Ⅱ 断面，基准面选定为通过 Ⅰ－Ⅰ 断面中心的水平面。根据通风能量方程，两断面之间的通风阻力为两断面的总压力之差，根据式（2－22）得：

$$h_{阻1-2} = \left(100421 + \frac{1.21 \times 4^2}{2} + 0 \right) - \left(100782 + \frac{1.20 \times 3^2}{2} + 60 \times \frac{1.21 + 1.20}{2} \times 9.81 + 0 \right)$$

$$= -1066 \text{ Pa}$$

因为通风阻力为负值，说明 Ⅰ－Ⅰ 断面的总压力小于 Ⅱ－Ⅱ 断面的总压力，原假设的风流方向是错误的，实际风流方向应从 Ⅱ－Ⅱ 断面流向 Ⅰ－Ⅰ 断面，其通风阻力为 1066 Pa。

【例 2－5】如图 2－20 所示，将倾斜巷道改为水平巷道（图 2－21），而其他条件不变时，试求两断面间的通风阻力，并判断风流方向。

解　设风流方向由 Ⅱ－Ⅱ 断面流向 Ⅰ－Ⅰ 断面，基准面选定为通过巷道轴线的水平面。

因为是水平巷道，且 Ⅰ、Ⅱ 两断面之间的空气密度近似相等，故两断面的位压差为 0，此时两断面间的通风阻力就是两断面的绝对全压差，即

$$h_{阻2-1} = p_{全2} - p_{全1}$$

$$= \left(p_{静2} + \frac{\rho_2 v_2^2}{2} \right) - \left(p_{静1} + \frac{\rho_1 v_1^2}{2} \right)$$

$$= \left(100782 + \frac{1.20 \times 3^2}{2} \right) - \left(100421 + \frac{1.21 \times 4^2}{2} \right)$$

$$= 356.7 \text{ Pa}$$

计算结果为正值，说明原假设风流方向正确，通风阻力为 356.7 Pa。

【例 2－6】如果图 2－20 巷道改为水平巷道，且断面面积相等，即 $S_1 = S_2$（图 2－22），其他条件不变，试求：（1）两断面间的通风阻力；（2）判断风流方向。

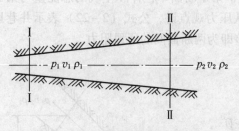

图 2－21　水平巷道断面不等　　　　　　　　图 2－22　水平巷道断面相等

解　设风流方向是由 Ⅰ－Ⅰ 断面流向 Ⅱ－Ⅱ 断面，基准面选定为通过巷道轴线的水平面。根据题意和假设有：

（1）因为　　　　　　　　　　　　　　　　$S_1 = S_2$

所以　　　　　　　　　　　　　　　　　　$v_1 = v_2$

又 Ⅰ、Ⅱ 两断面的空气密度近似相等

所以
$$h_{动1} = h_{动2}$$

即
$$h_{动1} - h_{动2} = 0$$

（2）因为
$$Z_1 = Z_2 = 0$$

所以
$$Z_1\rho_1 g = Z_2\rho_2 g = 0$$

综上分析可知，对于断面相等的水平巷道，两断面间的通风阻力就等于两断面的绝对静压差，即

$$\begin{aligned} h_{阻1-2} &= p_{静1} - p_{静2} \\ &= 100421 - 100782 \\ &= -361 \text{ Pa} \end{aligned}$$

因为通风阻力为负值，说明原假设风流方向不正确，即实际风流方向应该是从 Ⅱ－Ⅱ 断面流向 Ⅰ－Ⅰ 断面。其通风阻力为 361 Pa。

通过上述 3 例分析，可得出如下结论：

（1）不论在任何条件下，风流总是从总压力大的断面流向总压力小的断面。

（2）如果说风流是从绝对全压大的断面流向绝对全压小的断面，其条件是水平巷道，且两断面间的空气密度近似相等。

（3）如果说风流是从绝对静压大的断面流向绝对静压小的断面，其条件是水平等断面巷道，且两断面间的空气密度近似相等。

2. 通风阻力与某断面相对压力之间的关系

1）抽出式通风矿井

图 2－23 所示为抽出式通风矿井，进、出风井的标高相等且大气压力为 p_0，各处的空气密度和风速都不相等，试应用通风能量方程求矿井通风总阻力与风硐断面相对压力之间的关系。

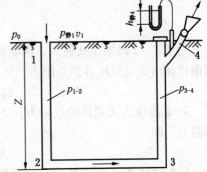

图 2－23 抽出式通风矿井

在抽出式通风系统的矿井中，风流自地表大气流到进风井口断面时要遇到突然收缩的局部阻力，然后沿着竖井 1－2、巷道 2－3、回风井 3－4 一直到风硐断面 4（即通风机进风口断面）为止，风流还要遇到一定通风阻力。在从地表大气经断面 1 沿主风路到断面 4 为止的全部进程中，风流所遇到的通风阻力就称为矿井通风总阻力，即

$$h_{阻} = h_{局1} + h_{阻1-4} \tag{2-23}$$

根据式（2－23），$h_{阻1-4}$ 就是进风井口断面 1 与风硐断面 4 的总压之差，即

$$h_{阻1-4} = \left(p_{静1} + \frac{\rho_1 v_1^2}{2} + Z\rho_{1-2}g\right) - \left(p_{静4} + \frac{\rho_4 v_4^2}{2} + Z\rho_{3-4}g\right) \tag{2-24}$$

因为风流自地表大气流到进风井口断面 1 时，要克服突然收缩的局部阻力，所以：

$$p_{静1} + h_{动1} = p_0 - h_{局1} \tag{2-25}$$

将式（2－24）、式（2－25）代入式（2－23），求出矿井通风总阻力为

$$\begin{aligned} h_{阻} &= h_{局1} + h_{阻1-4} = h_{局1} + (p_0 - h_{局1} + Z\rho_{1-2}g) - (p_{静4} + h_{动4} + Z\rho_{3-4}g) \\ &= (p_0 - p_{静4}) - h_{动4} + (Z\rho_{1-2}g - Z\rho_{3-4}g) \end{aligned} \tag{2-26}$$

式中，$(p_0 - p_{静4})$ 为 4 断面的相对静压 $h_{静4}$，也就是通风机房的静压水柱计的读数。

（$Z\rho_{1-2}g - Z\rho_{3-4}g$）为自然风压 $h_自$，当 $Z\rho_{1-2}g$ 大于 $Z\rho_{3-4}g$ 时，$h_自$ 为正值，它帮助通风机通风；当 $Z\rho_{1-2}g$ 小于 $Z\rho_{3-4}g$ 时，$h_自$ 为负值，它阻碍通风机通风。故式（2-26）可写成：

$$h_阻 = h_{静4} - h_{动4} \pm h_自 = h_{全4} \pm h_自 \tag{2-27}$$

式（2-27）为抽出式通风矿井的通风总阻力的计算式。因此，要用通风机房的静压水柱计读数求抽出式通风矿井的通风总阻力时，还必须测算出自然风压 $h_自$ 是正值或负值，并测算断面 4 处的平均速压 $h_{动4}$ 值，然后代入式（2-27）计算。

　　2）压入式通风矿井

图 2-24 所示为简化后的压入式通风矿井示意图，整个通风线路上，所遇到的通风阻力包括抽出式段和压入式段通风阻力，1-2 段为抽出式段，3-6 段为压入式段，即

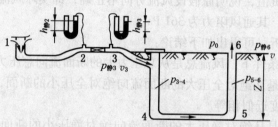

图 2-24　压入式通风矿井

$$h_阻 = h_{阻抽} + h_{阻压} \tag{2-28}$$

对于 1-2 段抽出式通风，因断面 1 与断面 2 的高差很小，其位压差可忽略不计，根据前述抽出式通风矿井的总阻力与风硐断面相对压力之间关系的结论可知：

$$h_{阻抽} = h_{静2} - h_{动2} = h_全 \tag{2-29}$$

3-6 段压入式通风的总阻力，应为 3-6 段的通风阻力再加上出风井口突然扩大的局部阻力，即

$$h_{阻压} = h_{阻3-6} + h_{局6} \tag{2-30}$$

根据通风能量方程式，$h_{阻3-6}$ 就是风硐断面 3 与出风井口断面 6 总压之差。

因为

$$p_{全6} = p_0 \tag{2-31}$$

风流自出风井口断面 6 进入地表大气时，突然扩大的局部阻力就等于 $h_{动6}$，即

$$h_{局6} = h_{动6} \tag{2-32}$$

根据式（2-22）、式（2-30）~式（2-32），则压入段的通风总阻力：

$$h_{阻压} = h_{阻3-6} + h_{局6} = h_{静3} + h_{动3} \pm h_自 = h_{全3} + h_自 \tag{2-33}$$

将式（2-29）和式（2-33）代入式（2-29），即可求出压入式通风矿井的总阻力与风硐断面的相对压力之间的关系：

$$h_阻 = (h_{静2} - h_{动2}) + (h_{静3} + h_{动3}) \pm h_自 = h_{全2} + h_{全3} \pm h_自 \tag{2-34}$$

技能训练

一、空盒气压计的使用

1. 训练目的

了解空盒气压计的构造和原理；掌握用空盒气压计测定大气压力的方法。

2. 实训仪器

空盒气压计。

3. 实训内容及步骤

(1) 使用时空盒气压计应水平放置。

(2) 读数前应轻击外壳或表面玻璃，以消除内部传动机构的摩擦。

(3) 待指针变化稳定后，即可从刻度盘上直接读出静压显示值（读数时应使视线达到指针与指针影像相重叠，此时指针所指的刻度值即为当时气压计示值，读数应精确到小数一位）。

(4) 读附温表的温度示值应精确到小数一位。

(5) 气压值的计算，仪表上读取的气压值必须经过下列修正。

温度修正：

$$\Delta p_t = at$$

式中　a——温度系数（检定证书上注有）；

　　　t——当时温度计读数。

示度修正：Δp_s（根据检定证上的示度修正值，用内插法求得）。

补充修正：Δp_d。

修正后的气压值由下式求出：

$$p = p_s + (\Delta p_t + \Delta p_s + \Delta p_d)$$

式中　p_s——仪表上读取的气压值。

4. 实训数据记录及计算

实训过程中读取和计算的数据填入表 2-1 中。

表 2-1　空盒气压计测定大气压力数据记录及计算表

数据记录项目	记录或计算数据	数据记录项目	记录或计算数据
仪表静压读数值 p_s/Pa		补充修正 Δp_d	
温度计系数 a		示度修正 Δp_s	
温度计读数 t/℃		修正后气压值 p/Pa	
温度修正 Δp_t			

5. 分析总结

(1) 由实训指导老师组织分析总结，读取表盘读数容易产生误差的原因。

(2) 计算过程中应该注意什么问题。

6. 实训考核

(1) 根据学生在实训过程中的表现和实训成果分项评分。

(2) 根据实训过程中记录的数据计算结果，由实训指导老师考核学生综合成绩。

二、通风管道中风流点压力的测定

1. 实训目的

(1) 掌握单管倾斜压差计的使用方法。

（2）掌握风流点压力的测定方法。

2. 实训仪器和设备

通风管道中风流点压力测定实训仪器和设备见表2-2。

表2-2　通风管道中风流点压力测定实训仪器和设备

序　号	名　称	数　量
1	矿井通风仿真实训装置（或通风管道）	1套
2	皮托管	5支
3	单管倾斜压差计	15个
4	胶管	若干
5	三通	10

注：分5组，每组3台单管倾斜压差计。

3. 实训内容及步骤

1）原理

皮托管与压差计布置如图2-25所示。皮托管"＋"管脚接受该点的绝对全压 $p_{全}$，皮托管"－"管脚接受该点的绝对静压 $p_{静}$，压差计开口端接受同标高的大气压 p_0。所以1、4压差计的读数为该点的相对静压 $h_{静}$；2、5压差计为该点的动压 $h_{动}$；3、6压差计的读数为相对全压 $h_{全}$。就相对压力而言，$h_{全}=h_{静}\pm h_{动}$；"＋"表示通风方式压入式，"－"表示通风方式为抽出式。通过本实验数据可以验证相对压力之间的关系。

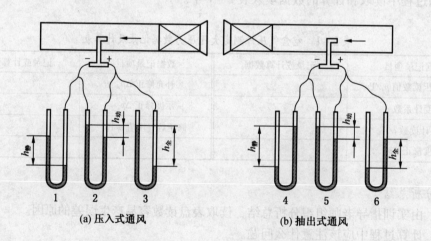

(a) 压入式通风　　　　　　　(b) 抽出式通风

图2-25　皮托管与压差计布置图

2）步骤

（1）将3台单管倾斜压差计放置测压地点，分别编号 a（测相对全压）、b（测动压）、c（测相对静压），调整仪器底板左右的两个水准调节螺钉，使仪器处于水平位置，将倾斜测量管按测量值固定在相应的常数因子上。

（2）旋开注液孔螺钉，缓缓加入密度为 $0.810\,\mathrm{g/cm^3}$ 的酒精（或蒸馏水）至玻璃管上的刻线始点附近，然后旋上注液孔螺钉，将三通旋塞旋至"测压"处，用胶管接在"＋"压接头上，轻吹胶管，使玻璃管内液面上升到接近于顶端处，排出存留在容器与玻璃管之间的气泡，反复数次，至气泡排尽。

（3）将三通旋塞旋至"校准"处，旋转零位调整螺钉校准液面的零点。若零位调整螺钉已旋至最低位置，仍不能使液面升至零点处，则所加酒精过少，应再加酒精，使液面升至稍高于零点处，再旋转零位调整螺钉校准液面至零点；反之所加酒精过多，可轻吹套在"＋"接头上的胶管，使多余酒精从玻璃管上端溢出。

（4）皮托管与单管倾斜压差计连接。

压入式通风。单管倾斜压差计 a：皮托管的"＋"接头与单管倾斜压差计的"＋"接头相连；单管倾斜压差计 b：单管倾斜压差计的中间接头与玻璃管的接头相连，皮托管的"＋"接头与单管倾斜压差计的"＋"接头相连，皮托管的"－"接头与单管倾斜压差计的"－"接头相连；单管倾斜压差计 c：皮托管的"－"接头与单管倾斜压差计的"＋"接头相连。

抽出式通风。单管倾斜压差计 a：单管倾斜压差计的中间接头与玻璃管的接头相连，皮托管的"＋"接头与单管倾斜压差计的"－"接头相连；单管倾斜压差计 b：单管倾斜压差计的中间接头与玻璃管的接头相连，皮托管的"＋"接头与单管倾斜压差计的"＋"接头相连，皮托管的"－"接头与单管倾斜压差计的"－"接头相连；单管倾斜压差计 c：单管倾斜压差计的中间接头与玻璃管的接头相连，皮托管的"－"接头与单管倾斜压差计的"－"接头相连。

（5）打开矿井通风仿真实训装置的风机，待单管倾斜压差计液面稳定后进行读数。

（6）将读数进行计算后填入数据表格。

4. 实训数据处理

实训检测的数据填入表 2-3。

表2-3 风流点压力记录表   Pa

测量次数	压入式通风			抽出式通风		
	$h_全$	$h_静$	$h_动$	$h_全$	$h_静$	$h_动$
1						
2						
3						
平均						

验证结果是否满足式 $h_全 = h_静 \pm h_动$。

5. 分析总结

由实训指导老师组织分析总结，验证相对压力之间的关系，分析误差原因。

6. 实训考核

（1）根据学生在实训过程中的表现和实训成果分项评分。

（2）根据实训过程中仪器操作是否正确及记录的数据计算结果，由实训指导老师考核学生综合成绩。

复习思考题

1. 什么叫静压、动压及位压？各有什么特点？

2. 什么叫绝对压力、相对压力、大气压力、正压通风和负压通风？用坐标图来说明它们之间的相互关系。

第三章　矿井通风阻力

矿井井下生产，需要源源不断地供给新鲜空气。当空气沿着井下巷道流动时，由于风流的黏滞性和惯性，还有巷道周壁对风流的阻碍、扰动等作用，形成对风流流动的各种阻力，是造成风流能量损失的主要原因。为了使空气按照人们设计的方向运动，就要借助矿井的通风压力（由通风机或者自然风压形成）来实现。通风压力和通风阻力是一对正反作用力，通过计算矿井的通风阻力，就可以了解到矿井所需要的通风压力，从而在通风设计时合理地选择通风设备。再者，在矿井生产中，通过对井下巷道阻力的测定，可以为降阻工程、局部通风网络改造、加强通风管理、改变通风现状、提高通风效能提供技术资料。

第一节　风流的流动状态及判断

一、风流的流动状态

1883 年英国物理学家雷诺通过实验发现，同一流体在同一管道中流动时，不同的流速会形成不同的流动状态。风流的流动状态有两种：层流和紊流。

层流是指流体各层的质点互不混合，质点流动的轨迹为直线或有规则的平滑曲线，并与管道轴线方向基本平行。

紊流是指流体的质点强烈互相混合，质点的流动轨迹极不规则，除了沿流动总方向发生位移外，还有垂直于流动总方向的位移，且在流体内部存在着时而产生、时而消失的旋涡。

二、风流流动状态的判断

雷诺曾用各种流体在不同直径的管路中进行了大量的试验，发现流体的流动状态与平均流速、管道直径和流体的黏性系数有关。流体的速度越大，黏性越小，管道尺寸越大，则流体越易成为紊流，反之，越易成为层流。这里可用一个无因次参数 Re（雷诺数）来表示上述 3 因素的综合影响。

1）圆形管道

$$Re = \frac{vd}{v} \tag{3-1}$$

式中　v——管道中流体的平均速度，m/s；

　　　d——圆形管道的直径，m；

　　　v——流体的运动黏性系数，与流体的温度、压力有关，对于矿井风流，通常取平均值 1.5×10^{-5} m^2/s。

2）非圆形管道

式（3-1）中的管道直径应用井巷断面的当量直径来表示：

$$de = \frac{4S}{U} \qquad (3-2)$$

式中 de——井巷断面的当量直径，m;

      S——巷道的断面积，m^2;

      U——巷道的周长，m。

对于不同形状的井巷断面，其周界长与断面的关系可用下式表示：

$$U = c\sqrt{S} \qquad (3-3)$$

式中 c——断面形状系数：梯形断面 $c = 4.16$；三心拱断面 $c = 3.85$；半圆拱断面 $c = 3.90$；圆断面 $c = 3.54$。

试验表明，流体在直圆管内流动时，当 $Re \leqslant 2300$ 时，流动状态为层流；当 $Re > 4000$ 时，流动状态为紊流；在 $Re = 2300 \sim 4000$ 的区域内，流动状态不是固定的，由管道壁的粗糙程度、流体进入管道的情况等外部条件而定，只要稍有干扰，流态就会发生变化，因此称为不稳定的过渡区。在实际工程计算中，为简便起见，通常把管道流动状态的判断基准数定为：$Re = 2300$ 时为临界值，当 $Re < 2300$ 时，为层流；当 $Re > 2300$ 时，为紊流。

【例3-1】某一巷道，断面形状为三心拱形，断面积 $9~m^2$，巷道中供给风量为 $7~m^3/s$，试判断其风流流态。

解 根据式（3-1）、式（3-2）、式（3-3）可得：

$$Re = \frac{4 \times 7}{15 \times 10^{-6} \times 3.85 \times 3} = 161616 > 2300$$

故此巷道中风流流态为紊流。

【例3-2】条件同【例3-1】，试求风流由层流向紊流过渡时的平均风速。

解 根据式（3-2）：

$$v = \frac{ReU\upsilon}{4S} = \frac{2300 \times 11.55 \times 15 \times 10^{-6}}{4 \times 9} = 0.011~m/s$$

《煤矿安全规程》规定，井巷中风流的最低允许风速为 $0.15~m/s$，远远大于上述计算的临界风速，故井下巷道中风流一般都呈紊流状态。只有在采空区漏风的情况下，采空区中风流才可能出现层流状态。

第二节　矿井通风阻力的类型及计算

矿井通风阻力可分为摩擦阻力和局部阻力两种。

一、摩擦阻力

1. 摩擦阻力的概念

空气在井巷中流动时，由于空气和井巷周壁之间的摩擦以及流体层间空气分子发生的摩擦而造成的能量损失称为摩擦阻力，也叫沿程阻力。

在矿井通风中，克服沿程阻力的能量损失，常用单位体积 1 m³ 风流的能量损失 $h_摩$ 来表示，无论层流还是紊流，都可以用下式来计算：

$$h_摩 = \lambda \frac{L}{d} \frac{v^2}{2} \rho \qquad (3-4)$$

式中　L——风道长度，m；

　　　d——圆形风道直径或非圆形风道的当量直径，m；

　　　v——断面平均风速，m/s；

　　　ρ——空气的密度，kg/m³；

　　　λ——实验系数，无因次。

2. 摩擦阻力定律

1）层流阻力定律

对于层流运动，流体的黏滞力起主导作用，根据牛顿内摩擦定律，在圆形管道流动的条件下，从理论上可导出摩擦阻力计算式：

$$h_摩 = \frac{32 \mu L v}{d^2} \qquad (3-5)$$

式（3-5）说明层流沿程损失和平均流速的一次方成正比。由于

$$Re = \frac{vd}{\nu} = \frac{vd\rho}{\mu}$$

代入式（3-5）得

$$h_摩 = \frac{64}{Re} \frac{Lv^2}{2d} \rho$$

将上式与式（3-4）比较，可知圆形管道层流的沿程阻力系数 $\lambda = \frac{64}{Re}$，说明 λ 与 Re 成反比，且与管壁粗糙度无关。

将式（3-2）代入式（3-5），则可得到层流状态下的井巷摩擦阻力计算式：

$$h_摩 = 2\mu \frac{LU^2}{S^3} Q \qquad (3-6)$$

2）紊流阻力定律

井下几乎所有巷道的空气流动都属于紊流状态，对于紊流，沿程阻力系数 λ、雷诺数 Re 与相对糙度的关系较为复杂，将式（3-2）代入式（3-4）中，则可得紊流状态下的井巷摩擦阻力计算式：

$$h_摩 = \frac{\lambda\rho}{8} \times \frac{LU}{S} v^2 = \frac{\lambda\rho}{8} \times \frac{LU}{S^3} Q^2 \qquad (3-7)$$

应当指出，用当量直径代替圆形管道直径计算非圆形管道的沿程阻力，并不适合所有断面形状，但对于矿井巷道常用的断面而言，造成的误差很小，可不预考虑。

3. 摩擦阻力系数

矿井中大多数通风巷道风流处于完全紊流状态，λ 值只与相对糙度有关，对于尺寸和支护已定型的巷道，其壁面的相对光滑度是定数，则 λ 可视为常数；并且矿井空气的密度 ρ 变化不大，故把式（3-7）中的 $\frac{\lambda\rho}{8}$ 用一个系数来表示，即

$$\alpha = \frac{\lambda\rho}{8} \tag{3-8}$$

式中　α——摩擦阻力系数，单位为 kg/m³ 或 N·s²/m⁴。

将式（3-8）代入式（3-7）得

$$h_{摩} = \alpha\frac{LU}{S^3}Q^2 \tag{3-9}$$

这是完全紊流状态下摩擦阻力的计算式，只要知道巷道的 α、L、U、S 和通过的风量 Q，便可计算出该巷道的摩擦阻力。

在新矿井通风设计时，需要计算完全紊流状态下井巷的摩擦阻力，即按照设计的井巷长度、周长、净断面、支护方式及拟通过的风量，选定该井巷的摩擦阻力系数 α，然后应用式（3-9）计算矿井通风摩擦阻力。关键在于如何确定摩擦阻力系数 α 值，从式（3-8）看，摩擦阻力系数 α 值取决于空气密度和实验系数 λ 值，而矿井空气密度一般变化不大，因此 α 值主要取决于 λ 值，即主要取决于井巷的粗糙程度，也就是取决于井下巷道的支护形式。不同的井巷、不同的支护形式 α 值也不同。确定 α 值方法有查表和实测两种方法。

摩擦阻力系数 α 值一般是通过实测和模型实验得到。附录（附表1～附表8）为标准状态下（$\rho_0 = 1.2$ kg/m³）的各类巷道摩擦阻力系数 α_0 值。

如果井巷空气密度不是标准状态条件下的密度，实际应用时，应该对其修正：

$$\alpha = \alpha_0\frac{\rho}{1.2} \tag{3-10}$$

由于井巷断面大小、支护形式及支架规格的多样性，从附录可以看出，不同井巷的相对粗糙度差别很大。对于砌碹和锚喷巷道，壁面粗糙程度可用尼古拉兹实验的相对粗糙度来表示，可直接查出摩擦阻力系数 α 值。相对支架巷道而言，砌碹和锚喷巷道摩擦阻力系数 α 值不是很大，但随着粗糙度的增大而增大。

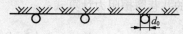
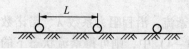

图 3-1　支架巷道的纵口径

对于木棚子、工字钢、U 型钢和混凝土棚等支护巷道，要同时考虑支架的间距和厚度，其粗糙度用纵口径 Δ 表示。如图 3-1 所示，纵口径是相邻支架中心线之间的距离 L 与支架直径或厚度 d_0 之比。对于支架巷道，应先根据巷道的 d_0 和 Δ 两个数值在附录的表中查出该巷道的 α 初值，再根据该巷道的净断面和 S 值查出校正系数，对 α 的初值进行断面校正。

4. 摩擦风阻

对于已给定的井巷，L、U、S 都为已知数，故可把式（3-9）中的 α、L、U、S 用一个参数 $R_{摩}$ 表示：

$$R_{摩} = \alpha\frac{LU}{S^3} \tag{3-11}$$

式中　$R_{摩}$——巷道的摩擦风阻，kg/m⁷ 或 N·s/m⁸。

将式（3-11）代入式（3-9）得

$$h_{摩} = R_{摩}Q^2 \tag{3-12}$$

式（3-12）就是风流完全紊流状态下的摩擦阻力定律。当摩擦风阻一定时，井巷的摩擦阻力和风量的平方成正比。

【例3-3】 某设计巷道为梯形断面，断面积 S 为 $8\,\text{m}^2$，巷道长度 L 为 $1000\,\text{m}$，采用工字钢棚支护，支架截面高度 d_0 为 $14\,\text{cm}$，纵口径 Δ 为 5，设计通过风量 Q 为 $1200\,\text{m}^3/\text{min}$，巷道中空气密度为 $1.25\,\text{kg/m}^3$，求该段巷道的摩擦风阻及摩擦阻力。

解 根据所给的 d_0、S、Δ 值，查附录得

$$\alpha_0 = 284.2 \times 10^{-4} \times 0.88 = 0.025\,\text{kg/m}^3$$

根据式（3-10），则巷道实际摩擦阻力系数为

$$\alpha = 0.025 \times \frac{1.25}{1.2} = 0.026\,\text{kg/m}^3$$

根据式（3-11），巷道摩擦风阻为

$$R_{摩} = \frac{\alpha L 4.16\sqrt{S}}{S^3} = 0.598\,\text{kg/m}^7$$

根据式（3-12），则这段巷道的摩擦阻力为

$$h_{摩} = 0.598 \times \left(\frac{1200}{60}\right)^2 = 239.2\,\text{Pa}$$

5. 摩擦阻力系数和摩擦风阻的测算

对于生产矿井，为了改善通风管理，需要掌握实际的 $R_{摩}$ 和 α 值，可以通过通风阻力测定来获得。

常用的测定方法是用皮托管、压差计测算一段巷道的摩擦阻力，然后按式（3-12）求得 $R_{摩}$，再按式（3-9）求得 α。具体阻力测定方法将在本章第四节内容中介绍。

【例3-4】 某矿一条通风上山，巷道断面为半圆拱形，混凝土砌碹支护，采用皮托管、压差计测算通风阻力，1、2 断巷道长度为 $200\,\text{m}$，1、2 断面的面积分别为 $S_1 = 7.15\,\text{m}^2$，$S_2 = 7.25\,\text{m}^2$，平均断面积 $S = 7.2\,\text{m}^2$，巷道断面平均周长 $U = 10.33\,\text{m}$，用风表测得断面1的平均风速 v_1 为 $5.84\,\text{m/s}$，1、2 断面的空气密度 ρ_1 为 $1.223\,\text{kg/m}^3$，ρ_2 为 $1.220\,\text{kg/m}^3$，1、2 断面压差测值 h 为 $51\,\text{Pa}$，试测算 $1-2$ 段巷道的 $R_{摩}$ 和该巷道的 α 值。

解 巷道通过风量：

$$Q = v_1 S_1 = 5.84 \times 7.15 = 41.756\,\text{m}^3/\text{s}$$

根据式（2-18），2 断面平均风速

$$v_2 = \frac{41.756 \times 1.223}{7.25 \times 1.220} = 5.77\,\text{m}^3/\text{s}$$

根据式（2-22），这一段的摩擦阻力 $h_{摩}$ 为

$$h_{摩} = h + \frac{\rho_1}{2}v_1^2 - \frac{\rho_2}{2}v_2^2 = 51.5\,\text{Pa}$$

由式（3-12）求得

$$R_{摩} = \frac{51.5}{41.756^2} = 0.0295\,\text{kg/m}^7$$

由式（3-9）求得

$$\alpha = 0.0295 \times \frac{7.2^3}{200 \times 10.33} = 0.0053\,\text{kg/m}^3$$

二、局部阻力

1. 局部阻力的概念

在风流流动过程中，由于边壁条件的变化，使均匀流动在局部地区受到阻碍物的影响而破坏，从而引起风流的流速大小、方向、分布发生变化或产生涡流等，造成风流的能量损失，称为局部阻力。

2. 局部阻力系数

井下产生局部阻力的地点较多，例如巷道拐弯、分叉和汇合处，巷道断面变化处，进风井口和出风井口，巷道中堆积物，停放和行走的矿车，井筒中的装备，调节风窗，风硐等处。由于风流边壁变化形式多样，加以紊流的复杂性，局部阻力所产生的风流速度场分布变化也就很复杂，对局部阻力的计算一般采用经验公式。局部阻力 $h_{局}$ 一般也用动压的倍数来表示：

$$h_{局} = \xi \frac{\rho}{2} v^2 \qquad (3-13)$$

式中　ξ——局部阻力系数，无因次。

式（3-13）表示，在完全紊流状态下，不论井巷局部地点的断面、形状和拐弯如何变化，所产生的局部阻力都和局部地点的动压成正比。

3. 局部风阻与局部阻力定律

若通过局部地点的风量为 Q，则

$$h_{局} = \xi \frac{\rho}{2S^2} Q^2$$

令 $R_{局} = \xi \dfrac{\rho}{2S^2}$，则有

$$h_{局} = R_{局} Q^2 \qquad (3-14)$$

式中　$R_{局}$——局部风阻，$N \cdot s^2/m^8$ 或 kg/m^7。

这是表示完全紊流状态下的局部阻力定律，和完全紊流状态下的摩擦阻力定律一样，当 $R_{局}$ 一定时，局部阻力也与风量的平方成正比。

理论上如果要计算局部阻力时，可以查表3-1和表3-2的 ξ 值，再用式（3-13）来进行计算。在实践中，由于井巷内风速较小，所产生的局部阻力也较小，局部地点多，计算局部阻力有一定的困难，在计算矿井通风阻力时，局部阻力按摩擦阻力的 10% ~ 20% 计算。

表3-1　各种巷道突然扩大与突然缩小的 ξ 值（光滑管道）

S_1/S_2	1	0.9	0.8	0.7	0.6	0.5	0.4	0.3	0.2	0.1	0.01	0
突然扩大	0	0.01	0.04	0.09	0.16	0.25	0.36	0.49	0.64	0.81	0.93	1.0
突然缩小	0	0.05	0.10	0.15	0.20	0.25	0.30	0.35	0.40	0.45	0.50	

注：突然扩大指风流从 S_1 流向 S_2，$S_1 < S_2$；突然缩小指风流从 S_2 流向 S_1，$S_2 > S_1$。

【例3-5】某进风井内的风速 v 为 8 m/s，井口空气密度 ρ 为 1.2 kg/m³，井口净断面

S 为 12.6 m^2，求该井口的局部阻力和局部风阻。

解　先查表 3-2 得该井口风流突然收缩的局部阻力系数为 0.6，则

根据式（3-13），局部阻力

$$h_{局} = 0.6 \times \frac{1.2}{2} \times 8^2 = 23.04 \text{ Pa}$$

局部风阻

$$R_{局} = \xi \frac{\rho}{2S^2} = 0.6 \times \frac{1.2}{2 \times 12.6^2} = 0.002268 \text{ kg/m}^7$$

表 3-2　其他几种局部阻力的 ξ 值（光滑管道）

0.6	0.1	0.2	有导风板 0.2	$R_1 = \frac{1}{3}b$, 0.75	$R_1 = \frac{1}{3}b$, $R_2 = \frac{3}{2}b$, 0.6
			无导风板 1.4	$R_1 = \frac{2}{3}b$, 0.52	$R_1 = \frac{2}{3}b$, $R_2 = \frac{17}{10}b$, 0.3
3.6 当 $S_2 = S_3$，$v_2 = v_3$ 时	2.0 当风速为 v_2 时	1.0 当 $v_1 = v_3$ 时	1.5 当风速为 v_2 时	1.5 当风速为 v_2 时	1.0

三、降低矿井通风阻力的措施

降低矿井通风阻力，对保证矿井安全生产和提高经济效益都有十分重要的意义。无论是矿井通风设计还是生产矿井通风技术管理工作，都要尽可能地降低矿井通风阻力。

由于矿井通风系统的阻力等于该矿井通风系统最大阻力路线上各分支的摩擦阻力和局部阻力之和，因此，在确定降阻之前，要摸清该矿井的最大阻力路线分布情况，找出阻力较大的分支，对其实施降阻。

摩擦阻力是矿井通风阻力的主要组成部分，因此要以降低井巷摩擦阻力为重点，同时注意降低某些风量大的井巷的局部阻力。

1. 降低井巷摩擦阻力的措施

由式（3-9）可知，摩擦阻力与摩擦阻力系数 α、井巷长度 L、井巷周长 U 成正比，与风量 Q^2 成正比，与 S^3 成反比，因此要降低摩擦阻力应采取以下措施：

（1）减少摩擦阻力系数 α。在矿井设计时尽量选用 α 值较小的支护方式，施工时要注意保证施工质量，尽可能使井巷壁面光滑。砌碹巷道 α 值较小，一般只有支架巷道的 1/3

左右，因此对服务年限较长的巷道应尽可能采用砌碹支护方式。锚喷支护的巷道，应尽量采用光爆工艺。对于支架巷道，也要尽可能使支架整齐，必要时用背板等背好帮顶。

（2）保证有足够大的井巷断面。在其他参数不变时，井巷断面扩大33%，$R_摩$值可减小50%，井巷通过风量一定时，其通风阻力和能耗可减小一半。断面增大将增加基建投资，但要同时考虑长期节电的经济效益。从总经济效益考虑的井巷合理断面称为经济断面，在通风设计时应尽量采用经济断面。在生产矿井改进通风系统时，对于主风流线路上的高风阻区段，常采用这种措施。如把某段总回风巷的断面扩大，必要时甚至开掘并联巷道。

（3）选用周长较小的井巷。在井巷断面相同的条件下，圆形断面的周长最小，拱形断面次之，矩形、梯形断面的周长较大。因此立井井筒采用圆形断面，斜井、石门、大巷等主要井巷要采用拱形断面，次要巷道以及采区内服务时间不长的巷道才采用梯形断面。

（4）减小巷道长度。因巷道的摩擦阻力和巷道长度成正比，故在进行通风系统设计和改善通风系统时，在满足开采需要的前提下，要尽可能缩短风路的长度。

（5）避免巷道内风量过于集中。巷道的摩擦阻力与风量的平方成正比，巷道内风量过于集中时，摩擦阻力就会大大增加，因此要尽可能使矿井的总进风早分开，使矿井的总回风晚汇合。

2. 降低井巷局部阻力的措施

局部阻力与 ξ 成正比，与断面的平方成反比。因此为了降低局部阻力要做到：

（1）应尽量避免井巷断面的突然扩大或突然缩小，断面大小悬殊的井巷，其连接处断面应逐渐变化。

（2）尽可能避免井巷直角转弯，在转弯处的内侧和外侧要做成圆弧形，有一定的曲率半径，必要时可在转弯处设置导风板。

（3）主要巷道内不得随意停放车辆、堆积木料等，巷内堆积物要及时清除或堆放整齐，尽量少堵塞井巷断面。

（4）要加强矿井总回风道的维护和管理，对冒顶、片帮和积水处要及时处理。

第三节　矿井总风阻与矿井等积孔

一、矿井通风阻力定律

从前面的分析可知，尽管引起摩擦阻力与局部阻力的原因不同，但从摩擦阻力定律表达式（3-12）和局部阻力定律表达式（3-14）中可以看出，它们有共同的规律性：表达式的形式和度量单位完全相同，故可以将摩擦阻力定律和局部阻力定律综合表示为通风阻力定律，即

$$h = RQ^2 \qquad\qquad (3-15)$$

式中　h——矿井（或井巷）总阻力，简称通风阻力或阻力，其值为摩擦阻力和局部阻力之和，Pa；

　　　R——矿井（或井巷）总风阻，简称风阻，kg/m^7 或 $N \cdot s^2/m^8$；

　　　Q——通过矿井（或井巷）的风量，m^3/s。

式（3－15）就是矿井通风学中的一个重要定律：完全紊流状态下的通风阻力定律。它说明了通风阻力与风阻、风量之间的关系，阻力与风阻的一次方成正比，与风量的平方成正比。

二、井巷阻力特性与阻力特性曲线

对于特定井巷，其风阻 R 为定值，风阻的这个特性叫作井巷阻力特性。按照阻力定律公式 $h = RQ^2$，用纵坐标表示通风阻力，横坐标表示通过风量，则每给出一风量，就可得到对应的阻力值，从而可画出一条抛物线，如图3－2所示，该曲线叫井巷阻力特性曲线。

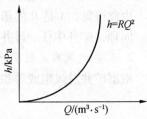

图3－2　井巷阻力特性曲线

根据井巷阻力特性曲线，风阻值越大，曲线越陡。当用图解法解算通风网络或分析通风机的工况时，就要画出有关井巷或系统的井巷阻力特性曲线来进行分析。

在生产矿井，特定井巷分配的风量取决于井巷的风阻和分配到该井巷的风压，而后者取决于通风机性能、矿井自然风压以及整个通风网络中各分支风阻的匹配情况。因此，任一井巷的风量不是可以任意给定的，要想达到要求必须进行调节风量，合理分配。

三、矿井总风阻

在矿井通风系统中，地面大气从入风井口进入矿内，沿井巷流动，直到从主要通风机出口再排到地面大气中，要克服各段井巷的通风阻力。从入风井口到主要通风机入口，把顺序连接的各段井巷的通风阻力累加起来，就得到矿井通风总阻力，这就是井巷通风阻力的叠加原则。

已知矿井通风总阻力 h 和矿井总风量 Q，即可求得矿井总风阻 R：

$$R = \frac{h}{Q^2} \tag{3－16}$$

式（3－16）中，R 是反映矿井通风难易程度的一个指标：R 越大，矿井通风越困难；反之，则较容易。其值受风网结构、巷道风阻、风量分配等多种因素影响。

四、矿井等积孔

用矿井总风阻来表示矿井通风难易程度，不够形象，且单位又复杂。因此，常用矿井等积孔作为衡量矿井通风难易程度的指标。

1. 等积孔的定义与表达式

假定在无限空间有一薄壁，在薄壁上开一面积为 A 的孔口，当孔口通过的风量等于矿井风量，而且孔口两侧的压差等于矿井通风阻力时，则孔口面积 A 称为该矿井的等积孔（又叫当量孔）。我国常用矿井等积孔作为衡量矿井通风难易程度的指标。

在完全紊流状态下，等积孔可按下式计算：

$$A = 1.19 \frac{Q}{\sqrt{h}} \tag{3－17}$$

因 $R = h/Q^2$，故有

$$A = \frac{1.19}{\sqrt{R}} \tag{3－18}$$

式中　Q——通过矿井的风量，m^3/s；

　　　h——矿井的通风阻力，Pa；

　　　R——矿井的风阻，kg/m^7。

由此可见，A 是 R 的函数，故可以表示矿井通风的难易程度，且单位简单，又比较形象。同理，矿井中任一段井巷的风阻也可换算为等积孔。

2. 矿井通风难易程度分级

根据矿井总风阻或等积孔，通常把矿井按通风难易程度分为 3 级，见表 3 - 3。

表 3 - 3　矿井通风难易程度分级表

矿井通风难易程度	矿井总风阻 $R/(kg \cdot m^{-7})$	等积孔 A/m^2
容易	< 0.355	> 2
中等	0.355 ~ 1.420	1 ~ 2
困难	> 1.42	< 1

【例 3 - 6】某矿井为中央式通风系统，测得矿井通风总阻力 $h = 2400$ Pa，矿井总风量 $Q = 60$ m^3/s，求矿井总风阻 R 和等积孔 A，并判断其通风难易程度。

解　根据式（3 - 16），矿井总风阻

$$R = \frac{2400}{60^2} = 0.667 \ kg/m^7$$

根据式（3 - 18），等积孔

$$A = \frac{1.19}{\sqrt{0.667}} = 1.457 \ m^2$$

对照表 3 - 3，等积孔 A 的值在 1 ~ 2 之间，该矿通风难易程度属于中等。

对于多风机工作的矿井，应根据各主要通风机工作系统的通风阻力和风量，分别计算各主要通风机所担负系统的等积孔，再进行分析评价。

第四节　矿井通风阻力测定

一、测定的目的和基本内容

1. 测定目的

《煤矿安全规程》第一百五十六条规定：新井投产前必须进行 1 次矿井通风阻力测定，以后每 3 年至少测定 1 次。生产矿井转入新水平生产、改变一翼或者全矿井通风系统后，必须重新进行矿井通风阻力测定。

矿井通风阻力大小及其分布是否合理，直接影响主通风机的工作状态和井下采掘工作面的风量分配，也是评价矿井通风系统和通风管理优劣的主要指标之一。测量矿井通风阻力是做好生产矿井通风管理工作的基础，也是掌握生产矿井通风情况的重要手段，其主要目的有：

（1）掌握矿井通风阻力的分布情况，为改善矿井通风系统，减少通风阻力，降低矿

井通风机的能耗以及为采用均压技术防灭火等提供依据。

（2）为通风设计和通风技术管理提供资料。

（3）为发生事故时选择风流控制方法提供必要的参数。

2. 测定基本内容

（1）计算风阻。

（2）计算摩擦阻力系数，供通风设计参考时使用。

（3）测量矿井通风阻力，了解分布情况。

二、测量前的准备工作

1. 明确测量目的，制定具体测量方案

首先要明确通过阻力测定需要获得的资料及要解决的问题，如某矿阻力大，矿井风量不足，想了解其阻力分布，则需要对矿井通风系统的关键阻力路线进行测量；如想要获得某类支护巷道的阻力系数，只需测量局部地点。

测量方案包括测量方法的选择，测定路线的选取，以及测定人员、测定时间的安排等。

2. 选择测定路线和布置测点

这需要对矿井的通风系统有个全面的了解，画出通风系统图和通风网络图。

1）选择测量路线

参照矿井通风系统图，如果是测定矿井通风阻力，就必须选择矿井通风中的最关键阻力路线，也就是最大阻力路线，在矿井通风系统中，其最大阻力路线是指从进风井口经过用风地点到回风井口的所有风流路线中没有安设增阻设施的一条风流路线。它能比较全面地反映矿井通风阻力分布情况，只有降低这条关键路线上的通风阻力才能降低整个矿井的通风阻力。

在测量路线上，如果有个别区段，风量不大，或人员携带仪器不好通过时，可采用风流短路，或采用一条其他并联风路进行测量。如果是测量局部区段的通风阻力，只在该区段内选择测量路线。

2）布置测点

（1）在风流的分岔或汇合地点必须布置测点。在分风点或合风点流出的风流中布置测点时，测点距分风点或合风点的距离不得小于巷道宽度的 12 倍；在流入分风点或合风点的风流中布置测点时，测点距分风点或合风点的距离不得小于巷道宽度的 3 倍。

（2）在并联风路中，只沿着一条路线测量风压，其他风路只布置测风点，测算风量，再根据相同的风压来计算各巷道的风阻。

（3）测点应尽量不靠近井筒和主要风门，以减少井筒提升和风门开启的影响。

（4）测点间距一般在 200 m 左右，两点间的压差应为 10 ~ 20 Pa，但也不能大于仪器的量程。如巷道长且漏风大时，测点的间距宜尽量缩短，以便逐步追查漏风情况。

（5）测点应设在安全状况良好的地段。测点前后 3 m 支架完好，没有空顶、空帮、不平或堆积物等。

（6）测点应顺风流流向依次编号并标明。为了减少正式测量时的工作量，可提前将测点间距、巷道断面面积测出，并按测量图纸确定标高。

（7）测定某段的摩擦阻力系数时，要求该段巷道方向不变，且没有分岔；巷道断面形状不变，不存在扩大或缩小；支护类型不变。

（8）待测路线和测点位置选定好后，绘制出测量路线图，并将测点位置、间距、标高和编号注入图中。

3. 下井进行考察

沿选择好的测定路线下井进行实地考察，以保证测定工作顺利进行。观察通风系统有无变化、分岔点和漏风点有无遗漏、测量路线上人员是否能安全通过、沿程巷道的支护状况是否良好等。并对各测段巷道状况、支护变化和局部阻力物分布情况做好记录。

4. 测量仪器和工具的准备

阻力测定所需材料、工具见表 3 - 4。

表 3 - 4　阻力测定所需材料、工具

序号	测定方法		材料、工具名称	数量	备　注
1	采用倾斜压差计测定矿井通风阻力	1	压差计/台	2	
		2	U 型水柱计/个	1	
		3	静压管/个	2	
		4	胶皮管（$\phi3 \sim 4$ mm）/m	300	
		5	胶皮管接头/个	5	
		6	打气筒/个	1	
		7	空盒气压计/台	1	
		8	风扇式干湿计/个	1	
		9	高、中、低速风表/块	各1	
		10	秒表/块	1	
		11	5 ~ 10 m 皮尺/个	1	
		12	记录表格、圆珠笔		
		13	酒精/mL	100	
2	采用气压计（矿井通风参数检测仪）测定矿井通风阻力	1	中、微速风表/块	各1	
		2	JFY 型矿井通风参数检测仪/台	2	
		3	5 m 皮尺/个	1	
		4	1.5 m 高木板条尺杆/根	1	
		5	风扇式干湿计/个	1	
		6	秒表/块	1	
		7	手表/块	1	
		8	记录表格、圆珠笔		

注：1. 所有仪器设备使用前都必须进行校准，合格后方可使用。

　　2. 上表所列的材料、工具是每组所配备的。

5. 人员配备与分工

根据测量方法和测量范围的大小配备人员，按照工作性质组织分工。可以分为测压组、大气参数观测组、巷道参数观测组、地面观测组4个小组。每个小组2~3人，每个大组8~10人，每大组选组长1人。

6. 准备好记录表格

所用记录表格见表3-5~表3-12。

表3-5　大 气 参 数 记 录 表

测点序号	干温度/℃	湿温度/℃	干湿温度差/℃	相对湿度/%	大气压力/Pa	空气密度/(kg·m⁻³)	备　注

表3-6　巷 道 参 数 记 录 表

测点序号	巷道名称	巷道形状	支架类型	巷道规格						测点距离	累计长度	测点标高
				上宽/m	下宽/m	高/m	斜高/m	断面/m²	周界/m			

表3-7　风 速 测 定 记 录 表　　　　m/s

测点序号	表速				校正风速	备　注
	第一次	第二次	第三次	平均		

表3-8 风压测定记录表

测点序号	压差计读数/Pa				仪器的校正系数	测点间势能差/Pa	备注
	第一次	第二次	第三次	平均			

表3-9 风量及通风阻力计算表

测点序号	巷道名称	断面积/m²	风速/(m·s⁻¹)	风量/(m³·s⁻¹)	空气密度/(kg·m⁻³)	动压/Pa	压差计读数/Pa	动压差/Pa	阻力消耗/Pa	累计阻力/Pa	测点距离/m	累计长度/m	备注

表3-10 风阻与摩擦阻力系数计算表

测点序号	巷道名称	巷道形状	支架类型	阻力消耗/Pa	风量/(m³·s⁻¹)	风量平方	区段巷道风阻/(kg·m⁻⁷)	空气密度/(kg·m⁻³)	标准风阻/(kg·m⁻⁷)	测点距离/m	周长/m	断面积/m²	摩擦阻力系数/(kg·m⁻³)	备注

表3-11 用气压计法测量压差计算表   Pa

测点代号	测点静压差		始点气压校正值	末点气压校正值	静压差
	始点	末点			

表3-12 用气压计法测量通风阻力计算表　　Pa

测点代号	两点间位压差	静压差	速压差	通风阻力

7. 数据处理公式

测定数据的整理是矿井通风阻力测定工作的中心环节，工作量大，任务重，因此先要弄清各测量参数之间的关系，各主要参数的计算公式分述如下：

（1）巷道断面积计算：

三心拱巷道断面积　　　$S = B(H - 0.07B)$

半圆拱巷道断面积　　　$S = B(H - 0.11B)$

不规则巷道断面积　　　　$S = 0.85BH$

矩形或梯形巷道断面积　　　$S = BH$

式中　S——巷道断面面积，m^2；

　　　B——巷道宽度或腰线长度，m；

　　　H——巷道全高，m。

（2）井巷内风量、风速计算（侧身法测风）：

$$Q = Sv$$

$$v = \frac{S - 0.4}{S} \times (aX + b)$$

式中　　　Q——巷道内通过的风量，m^3/s；

　　　　　S——巷道断面面积，m^2；

　　　　　v——巷道平均风速，m/s；

　　　　　X——表风速，m/s；

　　　a、b——风表校正系数。

（3）井巷内空气密度计算。矿井内空气湿度一般较大，密度变化范围小，可用近似公式计算：

$$\rho = 0.00345 \times \frac{p}{273.15 + t}$$

式中　ρ——测点空气密度，kg/m^3；

　　　p——测点空气的绝对静压，Pa；

　　　t——测点处空气的干温度，℃。

（4）井巷断面的动压计算：

$$h_动 = \frac{\rho v^2}{2}$$

式中　$h_动$——巷道断面的动压，Pa；

ρ——巷道断面的空气密度，kg/m^3；

v——巷道断面的平均风速，m/s。

（5）井巷通风阻力计算。巷道两端断面之间的通风阻力：

$$h_{(i,j)} = h_{静(i,j)} + h_{位(i,j)} + h_{动(i,j)}$$

式中　$h_{静(i,j)}$——始断面静压与末断面静压之差，Pa；

　　　$h_{位(i,j)}$——始末断面的位压差，Pa；

　　　$h_{动(i,j)}$——始末断面速压之差，Pa。

这是用气压计法测定矿井阻力时的计算公式，若是采用倾斜压差计法时，其计算公式为

$$h_{(i,j)} = h_{读(i,j)} + h_{动(i,j)}$$

式中　$h_{读(i,j)}$——该区段压差计读数，Pa。

（6）井巷风阻和摩擦阻力系数计算：

井巷风阻　　　　　　　　　$R = \dfrac{h_{(i,j)}}{Q^2}$

井巷摩擦阻力系数　　　　　$\alpha = \dfrac{RS^3}{LU}$

（7）矿井通风阻力计算。从进风井口到通风机前风硐内测点的全矿井通风阻力，等于一条主要通风路线上各个巷道通风阻力之和，即

$$h = \sum h_{(i,j)}$$

（8）矿井自然风压计算：

$$h_{自} = \sum h_{自(i,j)} + 0.98 Z_0 \rho_0$$

式中　Z_0——风硐内测压处标高与进风井口标高之差，m；

　　　ρ_0——地面空气平均密度，kg/m^3。

三、具体测量方法步骤

（一）采用倾斜压差计测定法

1. 测阻时仪器布置

此法是用倾斜压差计作为显示压差的仪器，传递压力用内径为 3～4 mm 的胶皮管，接受压力的仪器是静压管，仪器布置如图 3-3 所示。

根据能量方程式，1、2 两断面之间的通风阻力：

$$h_{(1,2)} = (P_1 - P_2) + (0 - Zg\rho_{1-2}) + \frac{\rho_1 v_1^2}{2} - \frac{\rho_2 v_2^2}{2}$$

因为倾斜压差计读数　　　$h_{读(1,2)} = (P_1 - P_2) - Zg\rho_{1-2}$

所以　　　　　　　　　　$h_{(1,2)} = h_{读(1,2)} + h_{动(1,2)}$

即1、2 两断面之间的通风阻力为倾斜压差计的读数与两断面的动压差之和。

2. 测量操作步骤

测量时人员可分为铺设胶皮管、测压和测量其他参数（风速、大气参数、井巷参数）3 个小组。铺设胶皮管小组的任务是在两测点间铺设胶皮管并在其中的一个（不安设仪器

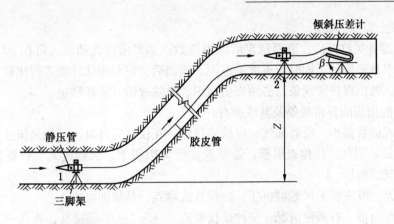

图 3-3 倾斜压差计法测定布置示意图

的）测点安设静压管。测压组的任务是安装压差计和仪器附近的静压管，并把来自两个测点的胶皮管与仪器连接起来，读数并做记录。其他参数测量小组的任务是测量测段长度、测点的断面积、平均风速和大气参数。测点顺序一般是从进风到回风逐段进行。人员多时可分多组在一条线上同时进行测量。

测量时的具体操作步骤如下：

（1）铺设胶皮管组的 1 人在第一测点架设静压管并在此待命，该组其余人员沿测量路线铺设胶皮管至第二测点并在此等候，测压组的人在第二测点架设静压管并在下风侧安设连接压差计，读压差计读数，将结果记录于表 3-8 中，完成 1~2 测段的测量后，通知收胶皮管。

（2）与此同时，其他参数测量小组立即进入测点测量测点的动压、巷道断面尺寸、干湿球温度、气压、测点间距、风速，并分别记录在表 3-5~表 3-7 中。

（3）在第一测点待命者收胶皮管至第二测点，然后顺风流方向沿测量路线铺设胶皮管，同时一并将三脚架、静压管移至第 3 测点，按上述相同方法完成 2-3 测段的测量。然后将第 2 测点的仪器、工具等移至第 4 测点，依次类推，循序进行，直到测完为止。

若要了解通风系统的阻力分布，则完成系统阻力测定的时间越短越好，以避免系统的通风参数发生变化，不便校核测定结果。

3. 注意事项

（1）静压管应安放在无涡流的地方，其尖端正对风流，防止感受动压。

（2）胶皮管之间的接头应严密，不漏气，胶皮管应铺设在不被人、车、物料挤压的地方，并防止打折和堵塞；拆除后胶皮管的管头应打结，防止水及其他污物进入管内。测量时应注意保护胶皮管，不使管中进水或其他物质；当胶皮管内外空气温度不同时，可用气筒换气的方法使管内外空气温度一致后才能测量。

（3）仪器的安设以调平容易、测定安全、不增大测段阻力和不影响人行、运输为原则。可以设在测段的下风侧风流稳定的断面上，也可以在上风侧 8~12 m 外；对于断面大的倾斜巷道，仪器可设在测段中间，但不要聚集过多的人，以免增大测段阻力。仪器附近巷道的支护应完好，保证人员安全。

（4）使用单管压差计时，上风侧的测点引来的胶皮管应接在" + "端上，下风侧的胶皮管应接在"-"端上。

（5）仪器开关打开后，液面稳定后即可读数；如果液面波动较大可在20 s内连续读几个数字，求其平均值，同时记下波动范围。读值后，应与预估计值进行比较，判断读数的可行程度，若出现异常现象，必须查明原因，排除故障，重新测定。

（6）可能出现的异常现象及其原因有：

无读数或读数偏小。仪器漏气，应检修仪器；在仪器完好时，可能是压差计附近的胶皮管（或接头）漏气，应检查更换；若是胶皮管内因积水、污物进入、打折而堵塞，则应用气筒打气或解折。

读数偏大。胶皮管上风侧被挤压，应检查故障点，排除即可。

读数出现负值。有两种情况：一种是仪器的"+""-"端接反，换接一下即可；另一种是下风侧测点的断面积大于上风侧（风速小于上风侧），而两测点间的通风阻力又很小。出现这种情况应将两根胶皮管换接，并在记录的读数前加"-"号。

（7）测压与测风应保持同步进行。

（8）在测定通风系统阻力期间，风机房水柱计读数应每隔20 min记录一次。

4. 计算整理资料

测量资料的整理与计算是通风阻力测量工作的最后也是最重要的一项工作。如果计算和整理数据时，公式和参数选取不当，即使测量数据再精确，仍然会导致错误结论。

资料的整理与计算主要有两方面内容：一是数据处理与计算；二是矿井通风阻力测量总结报告。

数据处理与计算是根据测量获得的原始资料数据按有关栏目的要求，再根据相应的计算公式加以整理和计算，然后填写到表中。矿井通风阻力测量总结报告内容主要有：①通风系统概述；②阻力测量目的；③测量路线与测点布置；④数据整理与计算并填写到有关表格中；⑤测量结果分析与建议。

倾斜压差计测量法的优点是精度高，可测量压降小的巷道阻力，且数据处理与计算简单，只要测量区段能铺设胶皮管，都可以采用这种方法；但本方法测量比较烦琐，工作量较大。

（二）采用气压计（矿井通风参数检测仪）测定法

1. 测阻原理

利用气压计能直接读出该点的静压值，同时测定该点的干、湿温度，巷道的风速，巷道断面，再移到下一个测点进行测量，从而根据公式计算出两点间的通风阻力。

2. 测量仪器、仪表的准备

仪器、仪表的配备见表3-4。

所有仪器设备使用前都必须进行校准，合格后方可使用。

3. 测定步骤

（1）把校准过的精密气压计和其他仪器按人员分工各负其责，带到进风井口，副井留一台检测仪，作为基点测量。将气压计置于同一水平面上，开机后约20 min即可同时读取大气压值，随之将其按键拨到压差挡，同时按下记忆开关；以后基点气压计每隔5 min读一次压差值并记录（整个测定过程中不再改变记忆键），主要是检测大气压力变化值，以消除地面气压变化对仪器读数的影响；随身携带下井的气压计亦将其按键拨到压差挡，并按下记忆开关。

（2）到井下第一个测点时，先开动风扇式湿度计，过 5 min 读取湿度计干、湿温度，同时测定测点前后巷道风速和断面尺寸，气压计稳定后可读数并记录读数时间，记录所有测定数据和巷道断面形状与支护方式，并描绘实测节点及所有与此节点相邻的进、出节点的关系素描图。

（3）前进到下一测点时，测定上述所有数据，以此类推。

4. 数据处理

把测得的各种参数代入相应的计算公式，填入表 3-11、表 3-12 中，就能得到矿井的通风阻力。

技能训练

一、井巷中摩擦阻力测定

（一）训练目的

（1）掌握井巷摩擦阻力测定的方法。

（2）会使用和操作有关仪器。

（3）会选择一段巷道进行摩擦阻力的测量。

（4）通过测定加深理解能量方程在通风中的应用。

（二）实训仪器、工具

单管倾斜压差计 1 台，静压管 2 个，胶皮管 300 m，打气筒 1 个，空盒气压计 2 台，干湿温度计 2 台，中速风表 2 块，秒表 2 块，5~10 m 皮尺 2 个，记录表格、圆珠笔等。

（三）实训内容

1. 准备工作

（1）检查所需工具，所需材料规格、数量、质量都符合要求。

（2）到矿井选取一条平直规格的进风大巷作为测量摩擦阻力的巷道。

（3）分工到人，做好安全，分为 4 个组。大气参数组：负责测量大气压和相对湿度、温度；巷道参数组：负责测量巷道面积、周长、长度，并记下巷道规格和形状和支护方式；风速测定组：负责测量巷道的风速和风量；风压测量组：负责安装压差计和仪器附近的静压管，并把来自两个测点的胶皮管与仪器连接起来，读数并做记录。4 个组的测定数据最后进行汇总计算。

（4）准备好记录与表格。所需表格见表 3-5 ~ 表 3-8、表 3-13。

表 3-13 摩擦阻力计算汇总表

巷道名称	断面积/m²	风速/(m·s⁻¹)	风量/(m³·s⁻¹)	空气密度/(kg·m⁻³)	动压/Pa	压差计读数/Pa	动压差/Pa	摩擦阻力/Pa	备注

2. 具体测定方法步骤

1）根据摩擦阻力计算公式来测算

（1）方法引导。在进行新矿井或新采区的通风设计时，需要计算井巷的摩擦阻力，即按所设计的井巷长度、净断面积、周长、支护形式和要求通过的风量，用查表法确定该井巷的摩擦系数 α 值，然后计算出该巷道的摩擦阻力，见式（3-9）：

$$h_{摩} = \alpha \frac{LU}{S^3} Q^2$$

这是完全紊流状态下摩擦阻力的计算式，只要知道巷道的 α、L、U、S 和通过的风量 Q，便可计算出该巷道的摩擦阻力。

摩擦阻力系数 α 值一般通过实测和模型实验得到。可以通过查表（附录）得出标准状态下（$\rho_0 = 1.2 \ \text{kg/m}^3$）条件下的各类巷道摩擦阻力系数值。当井巷中空气密度 $\rho \neq 1.2$ kg/m^3 时，其 α 值按式（3-10）修正：

$$\alpha = \alpha_0 \frac{\rho}{1.2}$$

（2）选择一段平直规格的巷道作为测定巷道，布置 2 个测点。

（3）先记下巷道规格和支护方式，按 α_0 表查出 α_0 值来。

（4）用皮尺量出巷道几何尺寸，计算出巷道周长和面积。

（5）用中速风表测出巷道风速，计算出风量。

（6）用皮尺量出这段平直巷道的长度。

（7）用空盒气压计测出此时的大气压力和温度，用湿度计测算出此时的相对湿度，然后计算出巷道风流的空气密度；按 α_0 值求出此巷道的实际摩擦阻力系数值。

（8）上述测量数据分别记录在表 3-5、表 3-6、表 3-7 中。

（9）最后根据公式计算出这段巷道的摩擦阻力。

2）根据通风能量方程式来测算

（1）方法引导。用单管倾斜压差计作为显示压差的仪器，传递压力用内径为 3~4 mm 的胶皮管，接受压力的仪器是静压管。仪器布置如图 3-4 所示。

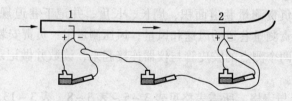

图 3-4　巷道中压差计布置示意图

根据能量方程式（2-22），1、2 两断面之间的通风阻力为

$$h_{(1,2)} = (p_1 - p_2) + (0 - Zg\rho_{1-2}) + \frac{\rho_1 v_1^2}{2} - \frac{\rho_2 v_2^2}{2}$$

因为倾斜压差计读数　　　$h_{读(1,2)} = (p_1 - p_2) - Zg\rho_{1-2}$

所以　　　　　　　　　　$h_{(1,2)} = h_{读(1,2)} + h_{动(1,2)}$

即1、2两断面之间的通风阻力为倾斜压差计的读数与两断面的动压差之和。

（2）选择一段平直规格的巷道作为测定巷道，布置两个测点（图3-4）。

（3）分别在1点和2点布置一个静压头，正对风流方向，静压端与胶皮管相连，在两点之间选一合适位置安设好单管倾斜压差计，并与胶皮管相连，注意"＋"端和"－"端的连接。

（4）调节好仪器，读数，并记录下来，注意读值范围，取平均值。

（5）同时在1点和2点分别测出巷道的面积，用风表测出平均分速，用空盒气压计测大气压力，用湿度计测算出相对湿度，分别计算出风量，空气密度。

（6）上述测量数据分别记录在相应表格中。

（7）然后根据 $h_{(1,2)} = h_{读(1,2)} + h_{动(1,2)}$ 计算出这段巷道的摩擦阻力。

（四）总结分析

矿井通风阻力测定完成后，由实训指导老师组织总结，整理并计算数据，对过程及结果加以分析，指出不足之处，提出解决问题的方法。

（五）实训考核

根据学生在实训过程中的表现和实训成果，实训指导老师考核学生成绩。

二、通风管道中风流摩擦阻力及摩擦阻力系数的测定

1. 训练目的

（1）学习测算通风阻力及摩擦阻力系数的方法，通过测定加深对矿井通风阻力测定原理的理解。

（2）掌握测定通风阻力、求算风阻、等积孔和绘制井巷阻力特性曲线的方法。

（3）掌握在通风管道中测算摩擦阻力系数的方法。

2. 实训仪器、工具

所用实训仪器工具见表3-14。

表3-14 测定管道中摩擦阻力所用仪器工具

序号	名　称	型号或规格	数　量	备　注
1	通风实验模型通风管道	小直径	1个	
		大直径	1个	
2	皮托管	微型	4个	
3	U型垂直压差计	±300 mm	6个	
4	单管倾斜压差计	YYT-200型；Y-61型	1台	
5	补偿式微压计	DJM9型	1台	
6	空盒气压计		1台	
7	风扇湿度计		1台	
8	胶皮管	$\varphi = 3 \sim 4$ mm	20 m	
9	皮尺	2 m或5 m	1个	
10	钢尺	2 m	1个	
11	酒精		100 mL	

3. 实训内容

1）测定原理

根据能量方程可知，当管道水平放置时，两测点之间管道断面相等，没有局部阻力，且空气密度近似相等，则两点之间的摩擦阻力就是通风阻力，它等于两点之间的绝对静压差：

根据第三章内容可知：

$$h_{摩} = h_{阻1-2} = p_1 - p_2$$

摩擦阻力系数为

$$\alpha_{测} = \frac{h_{摩} S^3}{ULQ^2}$$

换算成标准状态的 $\alpha_{标}$ 为

$$\alpha_{标} = \frac{1.2\alpha_{测}}{\rho_{测}}$$

最大动压平均值为

$$h_{动大均} = \frac{h_{动大1} + h_{动大2}}{2}$$

平均最大风速为

$$v_{大} = \sqrt{\frac{2h_{动大均}}{\rho}}$$

管道平均风速为

$$v_{均} = Kv_{大}$$

管道风量为

$$Q = v_{均} S$$

2）测定方法和操作步骤

（1）把 U 型垂直压差计和皮托管用胶皮管按图 3－5 连接，检查无误后开机测定。

（2）当水柱计稳定时，同时读取 $h_{动大1}$、$h_{动大2}$ 和 $h_{阻1-2}$ 记入表 3－15 中。

（3）用皮尺量出测点 1、2 之间的距离，根据管道直径，计算出管道面积和周长，记入表 3－15 中。

（4）根据上述数据计算风阻、等积孔、摩擦阻力系数，记入表 3－16 中。

3）测定数据记录

测定数据并记录，见表 3－15、表 3－16。

4）注意事项

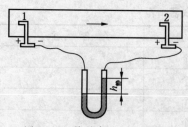

图 3－5　管道中 U 型垂直压差计布置示意图

（1）胶皮管之间的接头应严密，不漏气。

（2）待液面稳定后即可读数。如果液面波动较大可在 20 s 内连续读几个数字，求其平均值，同时记下波动范围。若出现异常现象，必须查明原因，排除故障，重新测定。

4. 总结分析

通风管道中摩擦阻力及摩擦阻力系数测定完成后，由实训指导老师组织总结，整理并计算数据，对过程及结果加以分析，指出不足之处，提出解决问题的方法。

表3-15 管道参数与压差计读数记录表

测量次数	$h_{动大1}$/Pa	$h_{动大2}$/Pa	$h_{阻1-2}$/Pa	测点间距离/m	管道直径/m	周长/m	断面积/m^2	空气密度/$(kg \cdot m^{-3})$	速度场系数
1									
2									
3									
平均									

表3-16 管道摩擦风阻与摩擦阻力计算结果表

平均风速/$(m \cdot s^{-1})$	风量/$(m^3 \cdot s^{-1})$	管道风阻值/$(N \cdot s^2 \cdot m^{-8})$	等积孔/m^2	摩擦阻力系数/$(N \cdot s^2 \cdot m^{-4})$	摩擦阻力系数标准值/$(N \cdot s^2 \cdot m^{-4})$

5. 实训考核

根据学生在实训过程中的表现和实训成果，实训指导老师考核学生成绩。

复习思考题

1. 风流的流动状态有几种？什么是层流？什么是紊流？如何判断流体的状态？

2. 矿井通风阻力包括哪几种？

3. 什么是摩擦阻力？什么是摩擦阻力系数？什么是摩擦风阻？

4. 什么是局部阻力？什么是局部阻力系数？什么是局部风阻？

5. 矿井通风阻力定律表达式其含义是什么？

6. 什么叫井巷阻力特性曲线？

7. 降低矿井通风阻力的意义有哪些？降低摩擦阻力的方法有哪些？降低局部阻力的方法有哪些？

8. 什么叫等积孔？一个矿井等积孔的大小说明了什么问题？如何衡量矿井通风的难易程度？

9. 测定矿井通风阻力的主要目的是什么？矿井通风阻力测量的基本内容有哪些？

10. 矿井通风阻力测定时，要做哪些准备工作？

11. 矿井通风阻力测量总结报告的内容一般包括哪几个部分？

12. 采用倾斜压差计测量矿井通风阻力时，需要哪些主要仪器和工具？

第四章　矿井通风动力

为了达到矿井通风的目的，井巷中的空气必须不断地流动，空气在井巷流动过程中会遇到矿井通风阻力，克服矿井通风阻力的能量或压力称为矿井通风动力。矿井通风动力可以由机械设备和自然条件产生，由通风机产生的风压称为机械风压，由机械风压克服矿井阻力进行通风的叫机械通风；由矿井自然条件产生的风压称为自然风压，由自然风压克服矿井阻力进行通风的叫自然通风。

第一节　自　然　风　压

一、自然风压的产生

1. 自然风压的产生原因

自然风压是由于矿井进风井筒与出风井筒的空气柱的重力不同而产生的自然压力差，如图 4－1 所示为自然通风矿井。自然风压的大小与两井筒内空气的温度、湿度、空气成分和井筒的深度有关，影响自然风压的主要因素是两井筒深度和两井筒内空气柱的温度差。

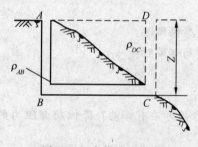

图 4－1　自然通风矿井

2. 自然风压的计算

矿井自然风压的大小可以用式（4－1）计算：

$$h_{自} = z(\rho_{进} - \rho_{回})g \qquad (4-1)$$

式中　$h_{自}$——矿井自然风压，Pa；

z——矿井深度，m；

$\rho_{进}$——矿井进风井空气柱平均密度，kg/m³；

$\rho_{回}$——矿井回风井空气柱平均密度，kg/m³；

g——重力加速度，m/s²。

二、自然风压的特性

自然风压的大小主要决定于两井筒深度和两井筒内空气柱的温度差，所以，自然风压的大小随季节气温的变化而变化，并且自然风压供给矿井的风量大小也是变化的，图 4－2 所示是某矿井全年自然风压随季节变化的曲线。

在机械通风的矿井，自然风压仍然存在。自然风压有正负之分：自然风压帮助矿井机械通风，为正值；自然风压反对矿井机械通风，为负值。

三、自然风压的测定

生产矿井自然风压的测定方法有直接测定法和间接测定法两种。

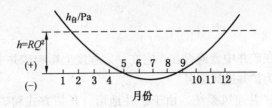

图4-2 自然风压随季节变化曲线

1. 直接测定法

矿井在无通风机工作或通风机停止运转时，在井下总风流的任何地点，设置临时隔断风流的挡风墙，然后用压差计测出挡风墙两侧的静压差，该静压差即为矿井自然风压值，如图4-3所示。

在生产矿井中，常用断流法直接测定矿井自然风压。如图4-4所示，在通风机停止运转时，将风硐的闸门全部放下，截断风硐内由自然风压产生的风流，然后由通风机房的U型水柱计直接读出矿井自然风压值。当水柱计的偏转方向与通风机开动时的偏转方向相反时，自然风压为正值，即帮助通风机工作；反之，自然风压为负值，即阻碍通风机工作。

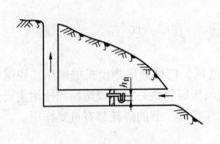

图4-3 设置挡风墙测定自然风压

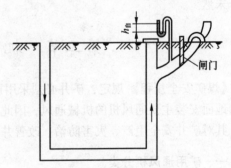

图4-4 利用闸门测定自然风压

2. 间接测定法

间接测定法就是测定进、回风井侧空气的平均密度和矿井空气柱的垂直高差，利用式（4-1）计算矿井自然风压值。

四、自然风压的影响及利用

1. 自然风压对矿井机械通风的影响

采用机械通风的矿井，随着一年四季气温的变化，同样会因为自然风压的变化而引起井巷风流的风量发生变化，有的甚至造成井巷风流停滞或风流反向，由此可能引发矿井通风安全方面的严重事故。在矿井通风管理上，应特别注意自然风压对矿井通风的影响，预防自然风压使井巷风流反向。尤其在山区多井筒通风的高瓦斯矿井中应特别注意，以免由于自然风压的影响造成井巷风量不足或局部井巷风流反向而酿成事故。

为了防止自然风压对矿井通风的不利影响，应对矿井通风及自然通风情况作充分的调查研究和实际测量工作，掌握矿井通风系统和自然风压变化规律，采取有效措施控制自然风压。

2. 自然风压的利用

自然通风的作用在矿井中普遍存在，它在一定程度上影响矿井主要通风机的工况，应重视利用自然风压，为矿井通风服务。

（1）建立合理的矿井通风系统。由于矿井地形、开拓方式和矿井深度的不同，地面气温变化对自然风压的影响程度也不同。在山区和丘陵地带，应尽可能利用进、出风井井口的标高差，一般将进风井布置在较低处，出风井布置在较高处。进风井口尽量迎向常年风向，出风井则背向常年风向，或在出风井口设置挡风墙。进、出风井井口的标高差较小时，可在出风井口修筑风塔，风塔高度以不低于 10 m 为宜，以增加自然风压。

（2）人工调节进、出风侧的气温差。在条件允许时，可在进风井巷内设置水幕或借井巷淋水冷却空气，以降低空气的温度而增加空气密度，同时可起到净化风流的作用；在出风井底处利用地面锅炉余热等措施来提高回风流气温，减少回风井空气密度，以提高矿井自然风压来帮助主要通风机工作，增大矿井风量。

（3）注意自然风压在非常时期对矿井通风的作用。在制定"矿井灾害预防和处理计划"时，要考虑到万一主要通风机因故停止运转，如何采取措施利用自然风压进行通风，以及此时自然风压对矿井通风系统造成的不利影响；制定特殊及灾变时期的预防措施，防患于未然。

第二节　机　械　风　压

《煤矿安全规程》规定，矿井必须采用机械通风，机械通风产生机械风压。我国煤矿采用地面安装主要通风机的机械通风，因此机械风压问题核心是合理选择和使用主要通风机。其对矿井安全生产、灾害防治、改善井下工作环境、节能降耗都有重要作用。

一、矿用通风机分类

1. 按照通风机服务范围分类

通风机按照服务范围不同可分为矿井主要通风机、辅助通风机和局部通风机。

矿井主要通风机服务于全矿井或矿井的一翼，是矿井的主要通风设备；辅助通风机服务于矿井中的某一分支（如某采区或某工作面），帮助主要通风机克服分支的阻力，保证分支所需的风量，是矿井的辅助通风设备；局部通风机服务于掘进工作面或局部通风地点，是矿井掘进通风的主要设备。

2. 按照通风机构造分类

通风机按照构造不同可分为离心式通风机和轴流式通风机两类。两种类型的通风机在煤矿中均被广泛使用。

煤矿常用离心式通风机有 4 - 72 - 11 型、G4 - 73 - 11 型、K4 - 73 - 01 型和 K4 - 73 - 11 型等。它们的主要部件包括叶轮、机壳、进风口和传动部分。一般来讲，离心式通风机结构简单，维护方便，效率较高，运转可靠平稳，噪声较低，便于调节通风机的工作点。

煤矿常用轴流式通风机有 2K60 型、GAF 型、62A14 - 11 型和 BD 系列型等。它们主要由通风机进风口、叶轮、导叶、扩散器和传动部分组成。轴流式通风机结构复杂紧凑，体积较小，各部件安装在机壳内，维护困难，高效区域小，噪声较大，但轴流式通风机效率高，可反转实现矿井反风。

目前，新型高效对旋式轴流式通风机在煤矿得到普遍采用。如 FBCDZ 系列对旋式防爆抽出式通风机，该系列风机高效、节能、低噪、大风量，驼峰区狭窄且风压较平稳，气流喘振现象微弱，风流稳定，有气动性能优良，高效区范围宽广，可适应矿井生产变化。其在通风参数改变时仍可保持在较高效率下运行。

二、通风机的构造及运行

1. 离心式通风机

如图 4-5 所示为离心式通风机构造示意图，其主要组成部分是叶轮 1、螺形机壳 2、扩散器 3、轴 4、前导器 7 及吸风口 12。叶轮有两个圆盘，圆盘之间装有 20 多块叶片。叶轮装于轴 4 上，轴装在两个轴承上，一个为止推轴承 5，一个为径向轴承 6。轴承 4 与电动机 14 的轴用齿轮联轴节 9 直接相连，形成直接传动。前导器是用来调节风流进入通风机叶轮时的方向，以调节通风机所产生的风压和风量。制动器 10 可使通风机急速停转，通风机吸风口 12 与风硐 15 相连，13 为风机房，风机房设有通风机运转情况和矿井通风情况观察仪表和电力拖动装置。

当叶轮转动时，靠离心力的作用，空气由吸风口 12 进入，经前导器进入叶轮的中心部分，然后转折 90° 沿径向离开叶轮流入机壳 2，再经扩散器排出。空气经过通风机后，获得了能量，造成通风机进、出风侧的压力差，用以克服矿井通风阻力，达到通风的目的。

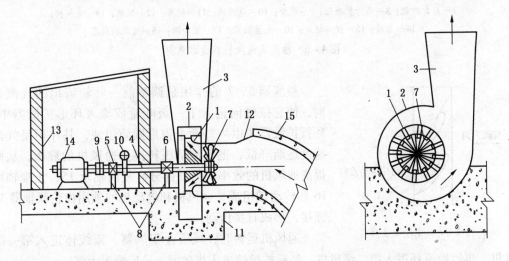

1—叶轮；2—螺形外壳；3—扩散器；4—轴；5—止推轴承；6—径向轴承；7—前导器；8—机架；
9—轴用齿轮联轴节；10—制动器；11—机座；12—吸风口；13—风机房；14—电动机；15—风硐

图 4-5　离心式通风机构造示意图

2. 轴流式通风机

如图 4-6 所示为轴流式通风机构造示意图，其主要由通风机进风口、叶轮、导叶、扩散器和传动部分组成。

进风口包括集风器 1 和流线体 2，其作用是使空气均匀地沿轴向流入主体风筒内，以减少气流冲击。叶轮 4、6 是通风机使空气增加能量的唯一旋转部件。通风机有一级和二级叶轮，叶轮上有 16 个翼形叶片，叶片以一定角度（θ 角）用螺杆固定在轮壳上。θ 角叫作叶片安装角，它是指叶片风流入口处与出口处的连线与叶轮旋转切线方向的夹角，如图 4-7 所示。叶片安装角 θ 根据需要可以调整，对于一级叶轮的通风机，其调角范围有 10°、15°、20°、25°、30°、35° 和 40°；对于二级叶轮的通风机，其调角范围有 15°、20°、25°、30°、35°、40° 和 45°。

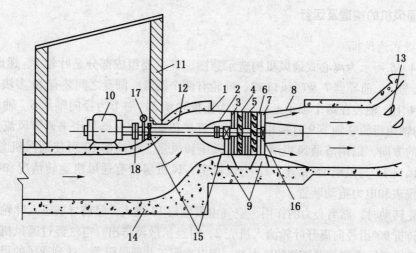

1—集风器；2—流线体；3—前导器；4—第一级叶轮；5—中间整流器；6—第二级叶轮；
7—后整流器；8—环行扩散器；9—机架；10—电动机；11—机房；12—风硐；13—导风板；
14—基础；15—径向轴承；16—止推轴承；17—制动闸；18—齿轮联轴器

图 4-6　轴流式通风机构造示意图

图 4-7　叶片安装角

整流器 5、7 的作用是调整前一叶轮流出的气流方向，使它按轴向进入下一级叶轮或流入环形扩散器中。环行扩散器 8 由内外两个锥形圆筒组成，其作用是气流速度逐渐降低，把气流动压转换为通风机的静压，从而提高通风机的效率。传动部分有径向轴承 15，止推轴承 16 和传动轴组成。通风机和电动机的轴用齿轮联轴器 18 连接，形成直接传动。

通风机运转时，风流经集风器、流线体进入第一级风机，再经稳流环进入第二级风机，经后扩散筒进入扩散器，最后排入大气。

对旋式通风机是两台同等轴流式通风机对旋运转，如图 4-8 所示为 FBCDZ 系列对旋式通风机结构示意图。对旋式通风机和轴流式通风机相比，具有高频率、高风压、大风量、性能好、高效区宽、噪声低、运行方式多、维修方便等优点，因而目前被绝大多数煤矿采用。

三、通风机的附属装置

通风机的附属装置包括风硐、防爆门、反风装置、扩散器和消音装置。

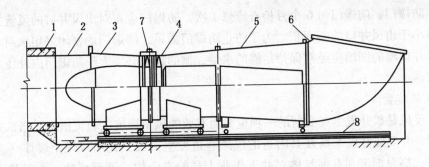

1—风道；2—集风器；3—一级风机；4—二级风机；5—扩散筒；
6—扩散器；7—稳流环；8—钢轨

图4-8　FBCDZ系列对旋式通风机结构示意图

1. 风硐

风硐是指连接矿井主要通风机和回风井的一段巷道，如图4-9所示。一般通过风硐的风量很大，且风硐内外压差较大，服务年限也比较长，所以对风硐的设计和施工的质量要求较高，故风硐多用混凝土、砖石等材料建筑。

按照矿井通风的要求，风硐应满足以下要求：

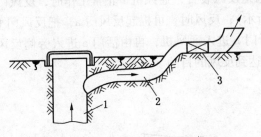

1—出风井；2—风硐；3—通风机

图4-9　风硐

（1）风硐要有足够大的断面，风速不宜超过15 m/s。

（2）风硐的阻力不宜过大，一般应为100～200 Pa。因此，要求风硐不宜过长，风硐与风井连接和拐弯处要平缓，呈圆弧形，内壁要光滑，并保持无堆积物，以减少风硐的通风阻力。

（3）风硐内应安设测量风速和压力的装置，因此风硐的长度应为10～20D（D为主要通风机叶轮的直径）。

（4）风硐及闸门等装置，结构要严密，以防止漏风。

2. 防爆门

防爆门是在装有通风机的井筒上为防止井下瓦斯爆炸时毁坏通风机而安装的安全装置。图4-10所示为抽出式通风矿井出风井口的防爆门。当井下发生瓦斯爆炸时，防爆门即能被爆炸冲击波冲开，压力得以释放，避免直接冲击通风机，从而保证主要通风机装置不被破坏并保持正常运转，起到保护通风机的作用；高压气流过后防爆门自动关闭；同时为井下遇险人员的撤退和抢险救灾、恢复生产提供了有利条件。另外，装有防爆门的井口也作为矿井的安全出口。

《煤矿安全规程》规定：装有主要通风机的出风井口

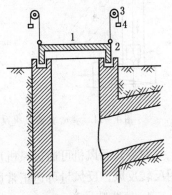

1—防爆门；2—井口槽；
3—滑轮；4—重锤

图4-10　防爆门

应当安装防爆门，防爆门每6个月检查维修1次。防爆门应正对出风井口的风流方向，其面积不得小于出风井口的断面积。为了防止防爆门漏风，防爆门的密闭采用水封或油封密闭，所以井口圈的凹槽应经常保持足够的水量，槽的深度必须大于防爆门内外压力差要求的深度值。

3. 反风装置

矿井反风是矿井发生灾变时的一项重要而有效的风量调度的救灾措施。当矿井在进风井口附近、井筒或井底车场及其附近的进风巷道发生火灾、瓦斯或煤尘爆炸（多为外因火灾）时，高温烟流和有害气体对井下作业人员的安全构成严重威胁，为了防止灾害范围扩大，有利于灾害事故的处理和救护工作，可以采用矿井反风措施，改变矿井的风流方向使火灾烟流由进风井排出。

离心式通风机的常用反风方法为利用反风门和旁侧反风道反风。如图4-11所示，通风机正常工作时，反风门1和2处于实线位置；反风时，将反风门1提起，把反风门2放下，地表空气自活门2进入通风机，再从活门1进入旁侧反风道3，进入风井到井下，达到反风的目的。

轴流式通风机常用的反风方法为通风机反转反风。也可以利用反风门和旁侧反风道反风，如图4-12所示为利用反风门和旁侧反风道反风装置，通风机1正常工作时，反风门a和b处于实线位置（风流方向如实线箭头所示）；反风时，可提起反风门a，把反风门b放下（如虚线位置），地表空气经百叶窗、活门b进入通风机，再由活门a进入旁侧反风道3，进入风井到井下（如虚线箭头所示），达到反风的目的。

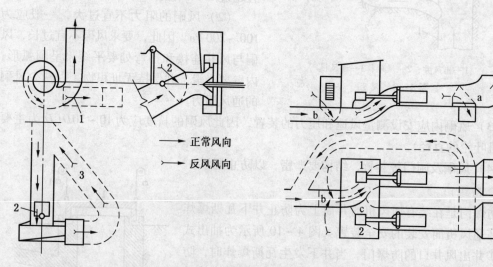

正常风向
反风风向

图4-11　离心式通风机反风装置　　　图4-12　轴流式通风机反风装置

对旋式通风机可通过风机反转实现反风，不需建设反风道。如FBCDZ系列通风机采用反转反风，反风量可达正常风量的65%~85%。

4. 扩散器

为了降低通风机出口的动压以提高通风机的静压，在通风机出口处外接一定长度、断面逐渐扩大的风道，称为扩散器。

小型离心式通风机和对旋式通风机的扩散器由金属板焊接而成，大型离心式通风机的扩散器用砖或混凝土砌筑。扩散器的敞角 α 一般为 8°~10°；出口断面与入口断面之比为 3~4。

轴流式通风机的扩散器由环行扩散器与水泥扩散器组成，环行扩散器由圆锥形内筒和外筒构成，外圆锥体的敞角一般为 7°~12°，内圆锥体的敞角一般为 3°~4°。水泥扩散器为一段向上弯曲的风道，它与水平线所呈的夹角为 60°，其高为叶轮直径的 2 倍，长为叶轮直径的 2.8 倍，出风口为长方形断面（长为叶轮直径的 2.1 倍，宽为叶轮直径的 1.4 倍）。扩散器的拐弯处为双曲线形，并安设一组导流叶片，以降低阻力。

5. 消音装置

矿井通风机特别是轴流式通风机属于强噪声源，其噪声一般在 90 dB 左右，有的甚至高达 110 dB，严重影响工业场地和居民区人员的工作和休息。为了保护环境，降低噪声污染，需要对通风机采取消音措施，把噪声降到人们可以承受的程度。《煤矿安全规程》规定：作业人员每天连续接触噪声时间达到或者超过 8 h 的，噪声声级限值为 85 dB（A）。每天接触噪声时间不足 8 h 的，可以根据实际接触噪声的时间按照接触噪声时间减半、噪声声级限值增加 3 dB（A）的原则确定其声级限值。

通风机运转时产生空气动力噪声和机件震动的机械噪声。机械噪声主要由机壳向外传播，一般采用隔音材料将机壳密封的办法隔离噪声。空气动力噪声一般在扩散器风道内装设用吸声材料做成的消音装置来降低。生产通风机的厂家，一般都开发有消音产品，可以选用。

四、通风机运转的规定

矿井通风机是矿井的主要设备，必须保证矿井通风机安全可靠的运转，在矿井生产过程中，必须严格按照《煤矿安全规程》的有关规定执行，做到下列要求：

（1）主要通风机必须安装在地面；装有通风机的井口必须封闭严密，其外部漏风率在无提升设备时不得超过 5%，有提升设备时不得超过 15%。

（2）必须保证主要通风机连续运转。

（3）必须安装两套同等能力的主要通风机装置，其中 1 套作备用，备用通风机必须能在 10 min 内开动。在建井期间可安装 1 套通风机和 1 部备用电动机。生产矿井现有的两套不同能力的主要通风机，在满足生产要求时，可继续使用。

（4）严禁采用局部通风机或风机群作为主要通风机使用。

（5）装有主要通风机的出风井口应安装防爆门，防爆门每 6 个月检查维修 1 次。

（6）至少每月检查 1 次主要通风机。改变通风机转数或叶片角度时，必须经矿技术负责人批准。

（7）新安装的主要通风机投入使用前，必须进行 1 次通风机性能测定和试运转工作，以后每 5 年至少进行 1 次性能测定。

（8）生产矿井主要通风机必须装有反风设施，并能在 10 min 内改变巷道中的风流方向；当风流方向改变后，主要通风机的供给风量不应小于正常供风量的 40%。每季度应至少检查 1 次反风设施，每年应进行 1 次反风演习；矿井通风系统有较大变化时，应进行 1 次反风演习。

（9）严禁主要通风机房兼作他用。主要通风机房内必须安装水柱计、电流表、电压表、轴承温度计等仪表，还必须有直通矿调度室的电话，并有反风操作系统图、司机岗位责任制和操作规程。主要通风机的运转应由专职司机负责，司机应每小时将通风机运转情况记入运转记录簿内；发现异常，立即报告。实现主要通风机集中监控、图像监视的主要通风机房可不设专职司机，但必须实行巡检制度。

（10）矿井必须制定主要通风机停止运转的应急预案。因检修、停电或其他原因停止主要通风机运转时，必须制定停风措施。变电所或电厂在停电以前，必须将预计停电时间通知矿调度室。主要通风机停止运转时，受停风影响的地点，必须立即停止工作、切断电源，工作人员先撤到进风巷道中，由值班矿长迅速决定全矿井是否停止生产、工作人员是否全部撤出。主要通风机停止运转期间，对由1台主要通风机担负全矿通风的矿井，必须打开井口防爆门和有关风门，利用自然风压通风；对由多台主要通风机联合通风的矿井，必须正确控制风流，防止风流紊乱。

（11）井下严禁安设辅助通风机。

第三节　通风机的特性

一、通风机的基本参数

反映通风机工作特性的基本参数有4个，即通风机的风量、风压、功率和效率。

1. 风量

通风机的风量 $Q_{通}$ 表示单位时间内通过通风机的风量。当通风机作抽出式工作时，通风机的风量等于总回风道风量与回风井口漏入风量之和。当通风机作压入式工作时，通风机的风量等于总进风道风量与进风井口漏出风量之和。通风机的风量一般用高速风表或皮托管、压差计在风硐或通风机圆锥形扩散器处测量。

2. 风压

通风机的风压有通风机全压（$h_{通全}$）、通风机静压（$h_{通静}$）和通风机动压（$h_{通动}$）之分。

通风机的全压表示单位体积的空气通过通风机后所获得的能量，其为通风机的出口断面与入口断面的总能量差。因为出口断面与入口断面高差一般相对较小，即位压一般忽略不计，所以通风机的全压为通风机出口断面与入口断面的绝对全压之差，即

$$h_{通全} = p_{全出} - p_{全入} \qquad (4-2)$$

式中　$h_{通全}$——通风机的全压，Pa；

　　　$p_{全出}$——通风机出口的全压，Pa；

　　　$p_{全入}$——通风机入口的全压，Pa。

通风机的全压包括通风机的静压和动压两部分。无论通风机是压入式还是抽出式工作，都有如下关系：

$$h_{通全} = h_{通静} + h_{通动} \qquad (4-3)$$

式中　$h_{通静}$——通风机的静压，Pa；

　　　$h_{通动}$——通风机的动压，Pa。

通风机的动压等于通风机扩散器出口的动压，即

$$h_{扩动} = h_{通动} \qquad (4-4)$$

式中 $h_{扩动}$——通风机扩散器出口动压，Pa。

3. 功率

1）通风机的输入功率

通风机的输入功率表示通风机轴从电动机得到的功率，通风机的输入功率可用下式计算：

$$N_{通入} = \frac{\sqrt{3}UI\cos\varphi}{1000}\eta_{电}\,\eta_{传} \qquad (4-5)$$

式中 $N_{通入}$——通风机的输入功率，kW；

　　U——线电压，V；

　　I——线电流，A；

　　$\cos\varphi$——功率因数,%；

　　$\eta_{电}$——电动机的效率,%；

　　$\eta_{传}$——传动效率,%。

2）通风机的输出功率

通风机的输出功率也叫有效功率，是指单位时间内通风机对通过的风量为 Q 的空气所做的功，即

$$N_{通出} = \frac{h_{通}\,Q_{通}}{1000} \qquad (4-6)$$

式中 $N_{通出}$——通风机的输出功率，kW；

　　$h_{通}$——通风机的风压，Pa；

　　$Q_{通}$——通风机通过的风量，$\mathrm{m^3/s}$。

因为通风机的风压有全压与静压之分，所以式（4-6）中 $h_{通}$ 为全压时，即为全压输出功率 $N_{通全出}$；当 $h_{通}$ 为静压时，即为静压输出功率 $N_{通静出}$。因为通风机的全压总是大于通风机的静压，所以通风机的全压输出功率也总是大于静压输出功率。

4. 效率

通风机的效率是指通风机输出功率与输入功率之比。因为通风机的输出功率有全压输出功率和静压输出功率，所以通风机的效率分全压效率（$\eta_{通全}$）和静压效率（$\eta_{通静}$），即

$$\eta_{通全} = \frac{N_{通全出}}{N_{通入}} = \frac{h_{通全}Q_{通}}{1000N_{通入}} \qquad (4-7)$$

$$\eta_{通静} = \frac{N_{通静出}}{N_{通入}} = \frac{h_{通静}Q_{通}}{1000N_{通入}} \qquad (4-8)$$

式中 $\eta_{通全}$、$\eta_{通静}$——通风机的全压、静压效率,%；

　　$N_{通全出}$、$N_{通静出}$——通风机的全压输出功率和静压输出功率，kW。

通风机的效率越高，说明通风机的内部阻力越小，通风机的性能越好。

二、通风机的个体特性曲线及工作范围

1. 通风机的个体特性曲线

通风机的风量、风压、功率和效率这 4 个基本参数可以反映通风机的工作特性。通风

机在一定的转速下，对应于一定的风量，就有一定的风压、功率和效率。如果调节通风机的风量，其他三者也随之发生改变，我们把通风机的风压、功率和效率随风量变化而变化的关系分别用曲线表示出来，称为通风机的个体特性曲线。通风机的个体特性曲线通过通风机的性能试验测定来绘制。

1）通风机的风压特性曲线

图4-13所示为实测绘制的离心式通风机的静压特性曲线、静压效率曲线和功率曲线。图4-14所示为实测绘制的轴流式通风机的全压与静压特性曲线、全压和静压效率及功率曲线。因为抽出式通风机的静压克服矿井通风阻力，压入式通风机的全压克服矿井通风阻力，所以现场抽出式通风机绘制静压特性曲线，压入式通风机绘制全压特性曲线。

从图4-13与图4-14可以看出，离心式通风机的风压特性曲线比较平缓，当风量发生变化时，风压变化不太大；轴流式通风机的风压特性曲线比较陡斜，有一个"马鞍形"的"驼峰"区，当风量发生变化时，风压变化较大。

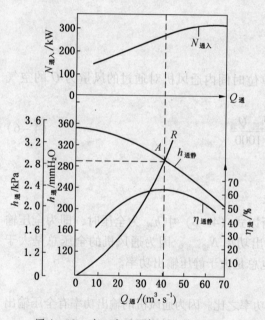

图4-13　离心式通风机个体特性曲线

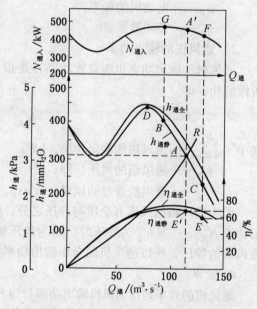

图4-14　轴流式通风机个体特性曲线

2）功率特性曲线

离心式通风机当风量增加时，功率也随之增大，为防止通风机启动时电流过大，引起电动机过负荷，所以在启动离心式通风机时，注意要关闭通风机入口风硐的闸门，启动后再逐渐打开闸门，称为"闭启动"。轴流式通风机在 B 点的右下侧功率是随着风量增加而减少，所以在启动轴流式通风机时，注意要敞开通风机入口风硐的闸门，启动后再逐渐关闭闸门调至合适位置，称为"开启动"。

3）效率曲线

离心式通风机和轴流式通风机的效率曲线都是当风量逐渐增加时，效率也逐渐增加，当效率增到最大值后便逐渐下降。轴流式通风机的叶片可以调整，叶片的每个安装角都相应地有一条风压特性曲线和效率曲线，一般情况下，轴流式通风机的效率曲线用等效率曲线来表示，如图 4 – 15 所示。

轴流式通风机的等效率曲线是把各条风压曲线上的效率相同的点连接起来绘制而成的。如图 4 – 16 所示为轴流式通风机等效率曲线的绘制方法，轴流式通风机的两个叶片安装角 θ_1 和 θ_2 的风压特性曲线分别为 1 和 2，效率曲线分别为 3 和 4。自各个效率值（如 0.2、0.4、0.6、0.8）画水平虚线，分别与 3 和 4 曲线相交，得到 4 对效率相等的交点，从这 4 对交点作垂直横坐标的虚线分别与相应的个体风压曲线 1 和 2 相交，在曲线 1 和 2 上得到 4 对效率相等的交点，把效率相等的交点连接起来，即得出图中 4 条等效率曲线，即 $\eta = 0.2$、0.4、0.6、0.8。

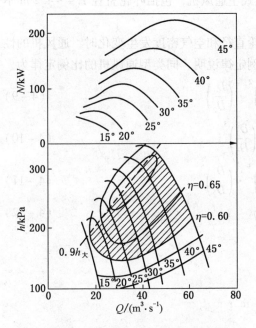

图 4 – 15　轴流式通风机合理工作范围

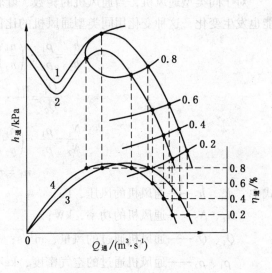

图 4 – 16　等效率曲线绘制

2. 通风机的工况点及合理工作范围

以同样的比例把矿井总风阻特性曲线绘制到通风机的个体特性曲线上，风阻特性曲线与风压特性曲线的交点（图 4 – 13、图 4 – 14 所示 A 点），此点为通风机的工作点或称为通风机的工况点。通风机的工况点表明通风机在一定的转速下服务矿井时，产生的风量和风压以及通风机输入的功率和通风机的效率等参数，这些参数称为通风机的工况参数。

通风机的主要作用是保证向井下输送足够的新鲜空气，因此，必须保证通风机在运转时的可靠性，另外还要求通风机具有较高的效率。所以通风机的工作范围受到一定的限制，满足上述条件的通风机的工作范围称为通风机的合理工作范围。

离心式通风机的合理工作范围是：通风机的转速应小于额定转速，实际工作风压不得超过最高风压的 90%，通风机的效率不得低于 0.6。

轴流式通风机的合理工作范围除通风机的转速应小于额定转速外，应满足以下条件：

（1）左限。轴流式通风机的叶片安装角度最小值：一级叶轮为 10°；二级叶轮为 15°。

（2）右限。轴流式通风机的叶片安装角度最大值：一级叶轮为 40°；二级叶轮为 45°。

（3）下限。从经济角度考虑，通风机的效率不得低于 0.6。

（4）上限。从安全稳定考虑，应在"驼峰区"右侧，实际工作风压不得超过最高风压的 90%。

如图 4 – 15 所示，轴流式通风机的合理工作范围为图中阴影部分。

三、同类型通风机及同一台通风机的比例定律

1. 同类型通风机的比例定律

同类型（或同系列）通风机是指通风机的几何尺寸、运动和动力相似的一组通风机，如前面提到的 BDK 系列高效节能矿用防爆对旋式主通风机，包括叶轮直径 1.4～4.2 m 不等的多种机号的通风机。

对于同类型通风机，当通风机的转数、叶轮直径和空气密度发生变化时，通风机的性能也发生变化，这种变化用同类型通风机的比例定律说明，同类型通风机的比例定律为

$$\frac{h_1}{h_2} = \frac{\rho_1}{\rho_2} \cdot \left(\frac{n_1}{n_2}\right)^2 \cdot \left(\frac{D_1}{D_2}\right)^2 \qquad (4-9)$$

$$\frac{Q_1}{Q_2} = \frac{n_1}{n_2} \cdot \left(\frac{D_1}{D_2}\right)^3 \qquad (4-10)$$

$$\frac{N_1}{N_2} = \frac{\rho_1}{\rho_2} \cdot \left(\frac{n_1}{n_2}\right)^3 \cdot \left(\frac{D_1}{D_2}\right)^5 \qquad (4-11)$$

$$\eta_1 = \eta_2 \qquad (4-12)$$

式中　h_1、h_2——通风机的风压，Pa；

　　　N_1、N_2——通风机的功率，kW；

　　　Q_1、Q_2——通风机通过的风量，m^3/s；

　　　ρ_1、ρ_2——通风机通过的空气密度，kg/m^3；

　　　n_1、n_2——通风机转数，r/min；

　　　D_1、D_2——通风机叶轮直径，m；

　　　η_1、η_2——通风机工况点效率，%。

式（4–9）~式（4–12）说明：通风机的风压与空气密度的一次方、转数的二次方、叶轮直径的二次方成正比；通风机的风量与转数的一次方、叶轮直径的三次方成正比；通风机的功率与空气密度的一次方、转数的三次方、叶轮直径的五次方成正比；同类型通风机对应工况点的效率相等。

应用通风机的比例定律，可以根据一台通风机的个体特性曲线，推算或绘制另一台同类型通风机的个体特性曲线。

2. 同一台通风机改变转数时的比例定律

对于同一台通风机，当通风机改变转数时，符合同类型通风机的比例定律，即

$$\frac{h_1}{h_2} = \frac{\rho_1}{\rho_2} \cdot \left(\frac{n_1}{n_2}\right)^2 \qquad (4-13)$$

$$\frac{Q_1}{Q_2} = \frac{n_1}{n_2} \qquad (4-14)$$

$$\frac{N_1}{N_2}=\frac{\rho_1}{\rho_2}\cdot\left(\frac{n_1}{n_2}\right)^3 \qquad (4-15)$$

在实际工作中，空气的密度在短时间内变化不大，可以认为相等，同一台通风机在改变转数时的比例定律变化为

$$\frac{h_1}{h_2}=\left(\frac{n_1}{n_2}\right)^2 \qquad (4-16)$$

$$\frac{Q_1}{Q_2}=\frac{n_1}{n_2} \qquad (4-17)$$

$$\frac{N_1}{N_2}=\left(\frac{n_1}{n_2}\right)^3 \qquad (4-18)$$

式（4-16）~式（4-18）说明：对于同一台通风机，当通风机改变转数时，通风机的风压与转数的二次方成正比；通风机的风量与转数的一次方成正比；通风机的功率转数的三次方成正比；同类型通风机对应工况点的效率相等。

第四节　矿井反风技术

矿井反风技术是当井下发生火灾时，利用已设的反风设施，改变火灾烟流方向，限制灾区范围，安全撤退受烟流威胁的人员的安全技术措施。

一、矿井反风的要求

在进行新建或改扩建矿井设计时，必须同时作出反风技术设计，并说明采用的反风方式与反风方法及适用条件。生产矿井编制灾害预防和处理计划时，必须根据火灾可能发生的地点，对采取的反风方式、方法及人员的避灾路线做出明确规定。多进风井和多回风井的矿井应根据各台主要通风机的服务范围和风网结构特点，经反风试验或计算机模拟，制定出反风技术方案，在灾害预防和处理计划中做出明确规定。

《煤矿安全规程》规定：生产矿井主要通风机必须装有反风设施，并能在 10 min 内改变巷道中的风流方向；当风流方向改变后，主要通风机的供给风量不应小于正常供风量的40%。每季度应至少检查 1 次反风设施，每年应进行 1 次反风演习；矿井通风系统有较大变化时，应进行 1 次反风演习。

二、矿井反风方法

目前，矿井反风方法主要采用两种方法：利用反风道反风、利用主要通风机反转反风。

1. 利用反风道反风

利用主要通风机装置设置的专用反风道和控制风门，使通风机的排风口与反风道相连，风流由风硐压入回风道，而使风流反向的方法，称为反风道反风。离心式通风机和轴流式通风机都可以采用这种反风方法。主要通风机利用反风道反风的详细操作见本章第二节反风装置的叙述。

2. 利用主要通风机反转反风

利用主要通风机反转，使风流反向的方法，称为反转反风。轴流式、对旋式通风机采

用这种反风方法。

三、矿井反风方式

矿井反风主要采用全矿井反风、区域性反风、局部反风3种方式：

1. 全矿井反风

实现全矿井总进风井巷、总回风井巷及采区主要进风巷、主要回风巷风流全面反向的反风方式称为全矿井反风。当矿井在进风井口附近、井筒或井底车场及其附近的进风巷道发生火灾、瓦斯或煤尘爆炸时，为了防止灾害范围扩大，有利于灾害事故的处理和救护工作，需要采用全矿井反风。

2. 区域性反风

在多进风井、多回风井的矿井一翼（或某一独立通风系统）进风大巷发生火灾时，调节一个或几个主要通风机的反风设施，而实现矿井部分地区的风流反向的反风方式称为区域性反风。

3. 局部反风

当采区内发生火灾时，主要通风机保持正常运行，通过调整采区内预设风门开关状态，实现采区内部部分巷道风流的反向，把火烟直接引向回风道的反风方式，称为局部反风。

救灾指挥人员应根据火灾发生的部位、灾情、蔓延情况和实施反风的可能条件，确定采取正确的反风方式。

四、矿井反风演习

1. 矿井反风演习的要求

（1）每一个矿井每年至少进行一次反风演习，北方的矿井应在冬季结冰时期进行。当矿井有新的一翼、水平投产或更换主要通风机时，都应进行反风演习。对多台主要通风机通风的矿井，应分别作多台主要通风机同时反风和单台主要通风机各自反风的演习，以分别观测反风效果。

（2）反风演习持续时间不应小于从矿井最远地点撤人到地面所需的时间，且不得小于2 h。

（3）反风演习前，必须制订反风演习计划。

（4）反风演习后，由矿井主要技术负责人组织总结，并填写反风演习报告书，并报有关部门审查。矿通风区和矿山救护队各备一份，并保存一年，对反风演习中发现的设备、操作以及其他问题，必须限期解决。

2. 反风演习报告内容

反风演习前，必须制订反风演习计划，内容包括：

（1）按照矿井灾害预防和处理计划的要求规定火灾发生的假设地点。

（2）确定反风演习开始时间和持续时间。

（3）明确反风设备的操作顺序。

（4）确定反风演习观测项目和方法。

（5）预计反风后的通风网络、风量和瓦斯情况。

（6）制定反风演习的安全措施。

（7）明确恢复正常通风的操作顺序和制订排除瓦斯的安全措施。

（8）规定参加反风演习的人员分工和培训工作。

反风演习计划由矿总技术负责人组织编制，报主管部门审批。

3. 反风演习时的火源管理

反风演习必须严格管理火源，并遵守下列规定：

（1）反风演习前，应切断井下电源；反风结束，在风流恢复正常后，风流中瓦斯浓度不超过 1% 时，方可恢复送电。

（2）反风演习持续时间内，在反风后出风井井口附近 20 m 的范围内以及与反风后出风井井口相连通的井口房等建筑物内，都必须切断电源，禁止一切火源存在，并禁止交通通行。

（3）反风演习前，井下火区必须进行封闭或消除，并加强反风时及其前后的观测。

4. 反风演习的观测项目

反风演习的观测项目有：

（1）观测主要通风机运转状态，包括电机负荷、轴承温升、风量和风压项目。电机不得超负荷运转。

（2）测定全矿井、井翼、水平、采区的进、回风流中的瓦斯、二氧化碳的浓度和风量。瓦斯和二氧化碳的浓度每隔 10 min 测定一次，并观测巷道中风流方向。风量每隔 30 min 测定一次。

（3）选择瓦斯或二氧化碳涌出量大或涌出不正常的采掘工作面，测定瓦斯或二氧化碳的浓度、涌出量，并记录浓度达到 2% 的时间。

5. 编写反风演习报告书

反风演习报告书应标明矿井名称和反风起止时间，并包括以下内容：

（1）矿井通风情况，可参照表 4-1 填写。

表 4-1 矿井通风情况表

名 称	反风演习前	反风演习后
本年度矿井计划产量/t		
上年度矿井实际年产量/t		
矿井总回风量/($m^3 \cdot min^{-1}$)		
矿井瓦斯绝对涌出量/($m^3 \cdot min^{-1}$)		
矿井二氧化碳绝对涌出量/($m^3 \cdot min^{-1}$)		
矿井瓦斯相对涌出量/($m^3 \cdot min^{-1}$)		
矿井二氧化碳相对涌出量/($m^3 \cdot min^{-1}$)		
矿井等积孔/m^2		

（2）主要通风机运转情况，可参照表 4-2 填写。

表4-2　主要通风机运转情况表

名　称		1号主要通风机	2号主要通风机	3号主要通风机
主要通风机型号				
主要通风机转速/(r·min⁻¹)				
主要通风机叶片安装角度/(°)				
主要通风机的风量/(m³·min⁻¹)	反风演习前			
	反风演习时			
主要通风机的风压/Pa	反风演习前			
	反风演习时			
电动机型号				
电动机转速/(r·min⁻¹)				
电动机输入功率/kW	反风演习前			
	反风演习时			
反风方式				

（3）井巷中风量和瓦斯浓度，可参照表4-3填写。

表4-3　井巷风量和瓦斯浓度表

顺序	测量地点	反风演习前				反风演习时			
		风流方向	风量/(m³·min⁻¹)	瓦斯浓度/%		风流方向	风量/(m³·min⁻¹)	瓦斯浓度/%	
				CH_4	CO_2			CH_4	CO_2

（4）反风演习时，空气中瓦斯或二氧化碳达到2%的井巷，可参照表4-4填写。

表4-4　反风演习时空气中瓦斯或二氧化碳达到2%的井巷　　　　　　min

顺　序	井巷名称	瓦　斯		二　氧　化　碳	
		反风开始时达到2%的时间	持续大于2%的时间	反风开始时达到2%的时间	持续大于2%的时间

（5）反风设备的反风操作时间，恢复正常通风操作时间。

（6）矿井通风系统图（包括反风前、反风时的通风系统图）。

（7）反风演习参加人数，井下人数，地面人数。

（8）经验与教训。

（9）存在问题，解决办法和日期。

第五节 矿井通风中通风机风压与通风阻力的关系

一、抽出式通风机风压与通风阻力的关系

如图 4-17 所示，由式（4-2）可知，对于抽出式通风矿井，通风机的全压为通风机扩散器出口断面 5 与进口断面 4 的绝对全压之差，即

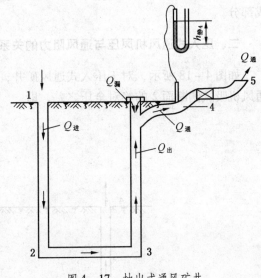

$$h_{通全} = p_{全5} - p_{全4} = (p_{静5} + h_{动5}) -$$
$$(p_{静4} + h_{动4}) = (p_{静5} - p_{静4}) +$$
$$(h_{动5} - h_{动4}) \qquad (4-19)$$

式中
$h_{通全}$——通风机的全压，Pa；

$p_{全5}$、$p_{全4}$——5、4 断面的绝对全压，Pa；

$p_{静5}$、$p_{静4}$——5、4 断面的绝对静压，Pa；

$h_{动5}$、$h_{动4}$——5、4 断面的动压，Pa。

图 4-17 抽出式通风矿井

因为断面 5 连通大气，断面 5 的绝对静压与该断面同标高大气压 p_0 相等，即 $p_{静5} - p_{静4} = p_0 - p_{静4} = h_{静4}$。$h_{静4}$ 即为 4 断面的相对静压，也是通风机房静压压差计的读数，故式（4-19）可变化为

$$h_{通全} = h_{静4} - h_{动4} + h_{动5} = h_{全4} + h_{动5} \qquad (4-20)$$

式（4-20）表明：抽出式通风机的全压等于该通风机进口断面 4 的相对静压减去该断面上的动压，再加上扩散器出口断面上的动压。通风机全压测算，一般是用通风机房内压差计直接读取 4 断面的相对静压，再测定出 4 断面、扩散器出口 5 断面的平均动压，然后代入式（4-20）计算。

因为 $h_{动5} = h_{通动}$，$h_{通全} - h_{通动} = h_{通静}$，所以式（4-20）变化为

$$h_{通静} = h_{静4} - h_{动4} \qquad (4-21)$$

式（4-21）表明：抽出式通风机的静压等于该通风机进口断面 4 的相对静压减去该断面上的动压。通风机静压测算，一般是用通风机房内压差计直接读取 4 断面的相对静压，测算 4 断面平均动压，再通过式（4-21）计算。矿井通风阻力和通风机入口 4 断面的相对压力的关系见式（2-27），由此，式（4-20）和式（4-21）可变化为

$$h_{通全} \pm h_{自} = h_{阻} + h_{动5} \qquad (4-22)$$

$$h_{通静} \pm h_{自} = h_{阻} \qquad (4-23)$$

式（4-22）和式（4-23）表明：抽出式通风机的全压与自然风压用来克服矿井通风阻力与风流从扩散器出口进入大气的局部阻力；抽出式通风机的静压与自然风压用来克

服矿井通风阻力。

由此可见，抽出式通风机是依靠通风机产生的静压来克服矿井通风阻力的，也就是说，对于同一个矿井来说，通风机产生的静压越大，通风机的通风能力也越大。我们知道 $h_{通全}=h_{通静}+h_{通动}$，当通风机所产生的 $h_{通全}$（通风机对单位体积空气造成的能量差）一定时，$h_{通动}$ 越大，$h_{通静}$ 则越小，要增大 $h_{通静}$，就必须尽可能减少 $h_{通动}$。所以抽出式通风机的静压是有效风压，动压则为无效风压。因此，抽出式通风机必须安装扩散器，使通风机出口断面由小变大，以减少 $h_{通动}$，达到增大 $h_{通静}$ 的目的。所以扩散器是通风机必不可少的组成部分。

二、压入式通风机风压与通风阻力的关系

如图 4-18 所示，对于压入式通风矿井，通风机的全压为通风机扩散器出口断面 3 与通风机吸风侧断面 2 的绝对全压之差，即

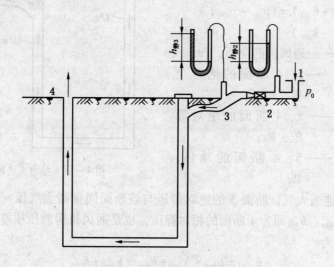

图 4-18　压入式通风矿井

$$h_{通全}=p_{全3}-p_{全2}=(p_{全3}-p_0)+(p_0-p_{全2})=h_{全3}+h_{全2} \qquad (4-24)$$

式中　　　　$h_{通全}$——通风机的全压，Pa；

　　　　$p_{全3}$、$p_{全2}$——3、2 断面的绝对全压，Pa；

　　　　　　　p_0——3、2 断面同标高大气压力，Pa；

　　　　$h_{全3}$、$h_{全2}$——3、2 断面相对全压，Pa。

式（4-24）表明：压入式通风机的全压等于该通风机出口断面 3 的相对全压和入口断面的相对全压之和。通风机全压测算，一般是用通风机房内压差计直接读取 2、3 断面的相对静压 $h_{静2}$、$h_{静3}$，测算 2、3 断面的平均动压 $h_{动2}$、$h_{动3}$，然后代入式（4-24）计算。

因为 $h_{全3}=h_{静3}+h_{动3}$，$h_{动3}=h_{通动}$，所以得到：

$$h_{通静}=h_{静3}+h_{全2}=h_{静3}+h_{静2}-h_{动2} \qquad (4-25)$$

式（4-25）表明：压入式通风机的静压等于该通风机出口断面 3 的相对静压和进口断面 2 的相对静压之和减去 2 断面上的动压。通风机静压测算，一般是用通风机房内压差

计直接读取 2、3 断面的相对静压，测定 2 断面的平均动压。

矿井通风阻力和通风机入口 2 断面和出口 3 断面的相对压力的关系见式（2－34），由此，式（4－23）和式（4－24）可变化为

$$h_{通全} \pm h_{自} = h_{阻} \qquad\qquad (4-26)$$

$$h_{通静} \pm h_{自} = h_{阻} - h_{动3} \qquad\qquad (4-27)$$

式（4－26）、式（4－27）表明：压入式通风机的全压与自然风压用来克服矿井通风阻力；压入式通风机的静压与自然风压用来克服矿井通风阻力与通风机动压之差。

压入式通风矿井，如果主要通风机不设置抽出段，使其进风口 2 直接和地表大气相通时，则通风机的全压和静压为

$$h_{通全} = p_{全3} - p_0 = (p_{静3} + h_{动3}) - p_0 = h_{静3} + h_{动3} \qquad (4-28)$$

$$h_{通静} = h_{静3} \qquad\qquad (4-29)$$

因为，$h_{阻} = h_{全3} \pm h_{自}$，所以有

$$h_{通全} \pm h_{自} = h_{阻} \qquad\qquad (4-30)$$

$$h_{通静} \pm h_{自} = h_{阻} - h_{动3} \qquad\qquad (4-31)$$

可以得出，对于压入式通风矿井，主要通风机不设抽出段与设抽出段时风压与阻力的关系的结论是相同的。

抽出式通风的矿井，应用通风机的静压特性曲线对矿井进行工作，通风机的静压效率衡量通风机的实际效率；压入式通风的矿井，应用通风机的全压特性曲线对矿井进行工作，通风机的全压效率衡量通风机的实际效率。

第六节　通风机的性能试验

通风机制造厂家提供的通风机特性曲线，一般是根据不带扩散器的通风机设计模型试验获得的，实际运行的通风机都安装扩散器，另外由于通风机安装质量和磨损的原因，通风机的实际运转性能和厂方提供的通风机的特性曲线是不相同的。因此，为了更好地利用通风机，《煤矿安全规程》规定：新安装的主要通风机投入使用前，必须进行试运转和通风机性能测定，以后每 5 年至少进行 1 次性能测定。

通风机性能试验的内容：测量通风机通过的风量、风压、输入功率和转数，计算通风机的效率，绘制通风机实际运转的特性曲线。因为抽出式通风矿井是通风机的静压克服全矿井通风阻力，压入式通风矿井是通风机的全压克服全矿井通风阻力，所以抽出式通风矿井一般测算通风机的静压特性曲线、输入功率和静压效率曲线，压入式通风矿井一般测算通风机的全压特性曲线、输入功率和全压效率曲线。

主要通风机的性能试验一般安排在节假日矿井停产检修时进行，根据矿井具体情况，采用打开防爆门短路的方式，或不打开防爆门，风流经井下通风网路，在风硐内进行通风机的工况调节。为了测量风机风量和风压应选择风硐内风流稳定区域，以使测出的数据准确可靠。

一、通风机的性能试验布置

对于生产矿井，主要通风机的性能试验是利用通风机的风硐进行的，其试验布置如图

4-19所示。在Ⅰ-Ⅰ断面处设框架，用木板来调节通风机的工况；在Ⅱ-Ⅱ断面处设静压管，测量该断面的相对静压；用风表在Ⅱ-Ⅱ断面之后测量风硐的平均风速，或者在Ⅲ-Ⅲ断面的圆锥形扩散器的环行空间用皮托管和微压计测算风速。

1. 通风机工况调节的位置和方法

通风机性能试验时，逐点改变通风阻力（改变通风机的风量）。测定通风机相应点的风压、输入功率，并计算效率，这种改变通风机阻力的过程叫通风机的工况调节。通风机的工况调节地点一般在与回风井交接处的风硐内，如图4-19所示的Ⅰ-Ⅰ断面处（条件不许可时，也可以设在井下总回风道内或利用井口、防爆门和风硐闸门进行工况调节）。其方法是在调节地点的风硐内事先安设稳固的框架（框架采用木料或工字钢）。如图4-20所示布置，靠通风机的负压将木板吸附在框架上，缩小或增大框架通风面积以改变通风阻力。框架必须牢固、结实，安装时必须插入巷道，深度不小于150 mm。木板应有足够的强度，备有多种规格以备使用。

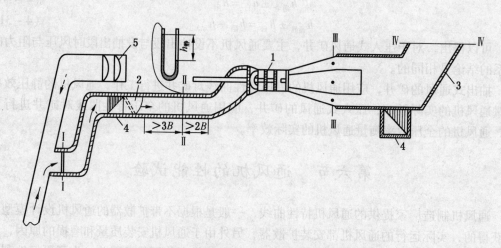

1—通风机；2—风硐；3—扩散器；4—反风绕道；5—风门

图4-19　通风机性能试验布置

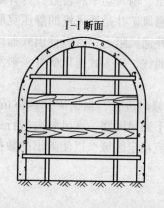

I-I断面

图4-20　工况调节框架

调节工况点的数目应为8~10个，以保证测得的特性曲线光滑、连续。在轴流式通风机风压曲线的"驼峰"区，测点应密些，在稳定区测点可以疏些。启动通风机时，离心式通风机采用"闭启动"，轴流式通风机采用"开启动"。

2. 静压的测定

静压测量的位置在通风机入口前稳定风流的直线段布置，如图4-19中的Ⅱ-Ⅱ断面处。为了测出Ⅱ-Ⅱ断面处的平均相对静压，可在风硐内设十字形连通管，在连通管上均匀设置静压管，然后将总管连接到压差计上，如图4-21所示。

3. 风速的测定

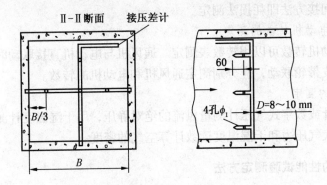

图 4 - 21 静压管的布置

（1）用风表在工况调节处与通风机入口之间的风流稳定区测量风硐内的平均风速，并计算通风机的风量，如可在图 4 - 19 中的 Ⅱ - Ⅱ 断面附近测风。

（2）用皮托管和微压计测量风流动压，然后换算成平均风速，并计算风量。皮托管可安装在测量静压的 Ⅱ - Ⅱ 断面处，也可以安装在通风机圆锥形扩散器的环行空间 Ⅲ - Ⅲ 断面处，如图 4 - 22 所示。为了使测量数据准确可靠，在测量断面上按等面积布置多根皮托管。安装时将皮托管固定牢靠，使皮托管的头部正对风流方向，如微压计台数足够时，每支皮托管配一台微压计，连接方法如图 4 - 22 所示，然后求动压的算术平均值。如微压计台数不足时，可采用几支皮托管并联于一台微压计上，对测量结果影响不大。

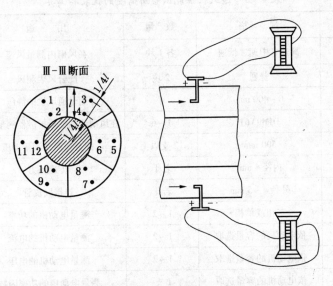

l—环形空间宽度

图 4 - 22 测动压时皮托管的布置

4. 电动机功率及效率的测定

电动机输入功率可用两个单相瓦特表或一个三相瓦特表来测量，也可以采用电压表、电流表和功率因数表测量。电动机的效率可根据制造厂家提供的曲线选取，使用时间较久的电动机可采用间接方法即耗损法测定。

5. 通风机与电动机转数的测定

通风机与电动机转数可以用转数表测定。通风机与电动机直接联动时，应测定电动机的转数。如果用皮带轮联动，应分别测定通风机和电动机的转数。

6. 空气密度的测定

用空盒气压计或数字式气压计测量风流的绝对静压，用干湿温度计测量风流的干温度和湿温度，根据大气压力和干湿温度读数计算空气的密度。

二、通风机的性能试验测定方法

1. 通风机的性能试验准备工作

1）制定通风机性能试验方案

首先了解矿井通风系统，对回风井、风硐、通风机设备及周围环境做周密的调查，根据矿井实际情况，确定合理可行的性能试验方案。包括确定工况点调节位置、通风机压力、风量、转数、空气密度等参数测定位置和方法。必要时还要测定通风机停风时，井下各地点的压力变化和有毒有害气体涌出的情况。

2）测量仪器仪表、工具和测量表格

通风机性能试验所需要的仪表和工具见表4－5。所用的仪器仪表都必须经过校正，要求测量人员能够正确熟练使用，测量记录表格见表4－6～表4～14。

表4－5　通风机性能试验所需要的仪表和工具

序号	名　称	规　格	数　量	用　途	说　明
1	风表	高速、中速、低速	各1块	在风硐内测量风速	附校正曲线
2	秒表	普通	2块	配合风表测风	
3	垂直水柱计	0～400 mm	1	测量通风机的静压	
4	微压计	DJM9Y61	1～6	在风硐或圆锥形扩散器测量动压	具体方案据试验方案确定
5	皮托管	500 mm	12支以上	配合压差计测量动压	
6	胶皮管	内径4 mm	若干	传递压力	
7	三通接头	外径4～5 mm	若干	连接胶皮管	
8	瓦特表	三相或单相	1～2	测量电动机的功率	各种电器仪表应采用0.2级或0.5级精度，并使所测得的数值在仪表测量范围20%～95%以内
9	电流表	依电动机的容量选取	1～2	测量电动机的电流	
10	电压表	依电动机的容量选取	1～2	测量电动机的电压	
11	功率因数表	依电动机的容量选取	1支	测量电动机的功率因数	
12	电流互感表	依电动机的容量选取	单相2支	配合电流表使用	
13	电压互感表	依电动机的额定电压选取	单相2支	配合电压表使用	
14	转速表	依电动机的额定转数选取	1	测量电动机的转数	
15	气压计	空盒式、数字式气压	各1台	测量风流绝对压力	
16	温度计	普通	1支	测量风流温度	

表4-5（续）

序号	名　称	规　格	数量	用　途	说　明
17	湿度计	风叶式	1支	测量风流相对湿度	
18	皮尺或钢尺	常用	各1个	测量有关尺寸	
19	电子计算机		1台	通风机性能试验数据处理	
20	电话机	防爆、普通	各1台	通信联络	
21	木板		若干	调节风量	

表4-6　气象原始记录表

测定地点_____　　　　　　　　　　　　　　　　　　　　　　　测定日期_____

序号	测定时间	干温度/℃	湿温度/℃	相对湿度/%	大气压力/Pa	空气密度/(kg·m^{-3})
1						
2						
3						

表4-7　风量原始记录表（1）

测定地点_____　　　　　　　　　　　　　　　　　　　　　　　测定日期_____

序号	测定时间	测风处断面积/m^2	每次测定的风表读数			真实风速/(m·s^{-1})	风量/(m^3·s^{-1})
			第1次	第2次	第3次		
1							
2							
3							

表4-8　风量原始记录表（2）

压差计编号_____　　　　　　　　　　　　　　　　　　　　　　测定日期_____

序号	测定时间	动压测定值/Pa			换算为风速/(m·s^{-1})	测点断面积/m^2	风量/(m^3·s^{-1})
		第1次	第2次	第3次			
1							
2							
3							

表4-9　风量原始记录表（3）

测压地点_____　　　　　　　　　　　　　　　　　　　　　　　测定日期_____

序　号	测定时间	静压测定值/Pa	测点断面积/m^2	增减木板面积/m^2
1				
2				
3				

表4-10　机电原始记录表

电机型号_____　　　　　　　　　　　　　　　　　测定日期_____

序号	测定时间	电流/A	电压/V	功率因数	计算功率/kW	功率表读数/kW	通风机转数/(r·min⁻¹)
1							
2							
3							

表4-11　通风机风量测定记录表

通风机型号_____　　　　　叶片安装角度_____　　　　　测定日期_____

序号	测定时间	风硐测风			扩散器环行空间					扩散器		
		断面/m²	风速/(m·s⁻¹)	风量/(m³·s⁻¹)	动压测定值/Pa				平均风速/(m·s⁻¹)	断面/m²	风量/(m³·s⁻¹)	断面/m²	平均风速/(m·s⁻¹)	风量/(m³·s⁻¹)
					1号仪器	2号仪器	3号仪器	…						
1														
2														
3														

表4-12　通风机性能测定静压记录计算表

通风机型号_____　　　　　　　　　　　　　　　　　测定日期_____

序号	测定时间	风硐静压/Pa	风量/(m³·s⁻¹)	断面/m²	风硐动压/Pa	通风机静压/Pa	备注
1							
2							
3							

表4-13　通风机性能测定校正计算表

通风机型号_____　　　　　　　　　　　　　　　　　测定日期_____

序号	风硐静压/Pa	温度/℃	空气密度/(kg·m⁻³)	空气密度校正系数	通风机转数校正系数	校正后风量/(m³·s⁻¹)	校正后通风机静压/Pa	校正后输入功率/kW	校正后输出功率/kW
1									
2									
3									

表4-14　通风机性能测定汇总表

通风机型号_____　　　　　叶片安装角度_____　　　　　测定日期_____

序号	通风机风量/(m³·s⁻¹)	通风机静压/Pa	通风机输入功率/kW	通风机输出功率/kW	通风机效率/%	备注
1						
2						
3						

2. 其他准备工作

(1) 记录通风机和电动机的铭牌技术数据，并检查通风机和电动机各部件的完好情况。

(2) 测量测风地点和安设工况调节框架处的巷道断面尺寸。

(3) 在工况调节地点安设调节框架，并准备足够的木板；在测风、测压地点安设皮托管或静压管；在电路上接入电工仪表。

(4) 检查地面漏风情况，并采取堵漏措施。

(5) 清除风硐内的杂物和积水。

3. 组织分工

通风机性能试验工作由矿总工程师组织通风、机电和救护等相关部门实施，并选定一人为总负责人；同时，成立测风组、测压组、电气测量组、通信联络组、安全保卫组和速算组，每组的人员由工作任务来定。

4. 实际操作和注意事项

在工况调节前，应先把防爆门打开，使矿井保持自然通风，然后由总指挥发出信号，启动通风机，待风流稳定后，即可进行测试。每一个工况点的数据测量按下述步骤进行操作：

(1) 第一声信号。进行工况调节，完毕后通知总指挥，5 min 后发出第二声信号。

(2) 第二声信号。各组调整仪器，其中风表测风组开始测风。

(3) 第三声信号。各组同时读取数据，将测量结果记录于基础记录表中，并将测量结果通知速算组。

速算组将各组测量结果进行处理，测量数据正确，工况点位置合理后，进行第二点的测量工作。如此继续进行，直到将预定的测点数目测完为止。在通风机性能试验中应注意的事项：

(1) 通风机应在低负荷工况下启动，随时注意电动机的负荷和各部件的温升情况。轴流式通风机工况点在"驼峰区"附近时应特别注意，发现超负荷或其他异常现象，应立即关掉电动机进行处理。

(2) 同一工况的各个参数尽可能同时测量，测量数据波动较大时，应多次测量并取其平均值。

(3) 测量过程中，应密切观测井下有害气体的涌出情况，必要时组织矿山救护队员在井下巡视以应对紧急情况。

(4) 进入风硐的工作人员要注意安全，防止发生坠井事故。

(5) 通风机试验工作要选择矿井停产检修日进行，通风机试验时，要停止提升与运输工作以免影响试验精度。

三、通风机的性能试验测定资料处理

1. 通风机风量计算

(1) 根据式 (2-20)，用风表测风时用下式计算：

$$Q_{通}' = Sv \tag{4-32}$$

式中　S——测风地点风硐的断面积，m^2；

v——测风断面上的平均风速，m/s。

（2）用皮托管测风时，求测压断面上的平均风速：

$$v_{均} = \sqrt{\frac{2}{\rho}} \cdot \frac{\sqrt{h_{动1}} + \sqrt{h_{动2}} + \cdots + \sqrt{h_{动n}}}{n} \tag{4-33}$$

式中　$h_{动1}$，$\cdots$，$h_{动n}$——各测点的动压值，Pa；

　　　　　　n——测点数；

　　　　　　ρ——空气密度，kg/m³。

计算通风机风量：

$$Q_{通}' = S_0 v_{均} \tag{4-34}$$

式中　S_0——安设皮托管处的断面积，m²；

　　　$v_{均}$——测压断面上的平均风速，m/s。

2. 抽出式通风机静压计算

由式（4-21）知，抽出式通风机的静压为

$$h'_{通静} = h_{静} - h_{动} \tag{4-35}$$

式中　$h_{静}$——风硐内测静压断面的相对静压，Pa；

　　　$h_{动}$——风硐内测静压断面的平均动压，Pa。

3. 通风机输入功率和输出静压功率的计算

根据式（4-5）、式（4-6）有：

$$\begin{cases} N'_{通入} = \dfrac{\sqrt{3} \cdot U \cdot I \cos\varphi}{1000} \eta_{电} \eta_{传} \\[3mm] N'_{通静出} = \dfrac{h'_{通静} Q'_{通}}{1000} \end{cases} \tag{4-36}$$

4. 通风机的静压效率计算

根据式（4-8）：

$$\eta_{通静} = \frac{N'_{通静出}}{N'_{输入}} \times 100\% \tag{4-37}$$

为了便于比较，将通风机的参数换算到通风机额定转速和标准空气密度（1.2 kg/m³）的条件下，然后绘制出通风机个体特性曲线。

（1）通风机转速的校正系数 K_n。

$$K_n = \frac{n_{额}}{n_i} \tag{4-38}$$

式中　$n_{额}$——通风机的额定转速，r/min；

　　　n_i——通风机某一工况点实测转速，r/min。

（2）空气密度的校正系数 K_ρ。

$$K_\rho = \frac{\rho_0}{\rho_i} \tag{4-39}$$

式中　ρ_0——矿井空气标准密度，kg/m³；

　　　ρ_i——通风机某一工况点实测空气密度，kg/m³。

（3）校正后的通风机的风量。

$$Q_{通} = Q'_{通} \times K_n \qquad (4-40)$$

（4）校正后的通风机的静压。

$$h_{静} = h'_{通静} \times K_n^2 \times K_\rho \qquad (4-41)$$

（5）校正后的通风机的输入功率和输出静压功率。

$$N_{通入} = N'_{通入} \times K_n^3 \times K_\rho \qquad (4-42)$$

$$N_{通静出} = N'_{通静出} \times K_n^3 \times K_\rho \qquad (4-43)$$

（6）校正前后静压效率相同。

将上述计算结果，汇总到表4-10中，以 $Q_{通}$ 为横坐标，$h_{通静}$、$N_{通入}$、$\eta_{通静}$ 分别为纵坐标，将所对应的各点描绘于坐标图上，得到测定若干点，用光滑的曲线连接起来，即可得到通风机的个体特性曲线。

同样的方法，可以测算并绘制出压入式通风机的特性曲线。

技能训练

一、通风机反风演习训练

1. 实训目的

（1）了解通风机的构造及其附属装置的布置。

（2）了解矿井反风及反风演习的要求。

（3）学习矿井反风演习方法，培养矿井反风救灾的能力。

2. 实训仪器

实训仪器见表4-15。

表4-15 通风机反风演习需要的仪表和工具

序号	名　称	规　格	数量	用　途	说　明
1	风表	高速、中速、低速		在风硐及巷道内测量风速	附校正曲线
2	秒表	普通		配合手表计时	根据演习方案确定
3	机械手表	普通		计时	
4	光学瓦斯鉴定器	测量范围 0~10%		测量风流瓦斯、二氧化碳浓度	精度达 0.01%
5	一氧化碳测定仪	0.0001%~0.005%		测量一氧化碳浓度	

3. 实训内容

（1）现场了解通风机的构造、安装和运转情况。

（2）依据现场情况和设计图纸了解通风机的附属装置的布置、结构尺寸，条件允许情况下可打开防爆门，进入风硐及反风通道更进一步实地了解。

（3）了解矿井反风的方法，反风系统图，反风操作规程。

（4）进行矿井反风演习。

4. 实训操作过程及注意事项

1）操作过程

（1）绘制通风机附属装置位置结构图。

（2）反风演习前，制定反风演习计划。

（3）反风演习的观测项目：①观测主要通风机运转状态，包括电机负荷、轴承温升、风量和风压项目，电机不得超负荷运转；②测定全矿井、井翼、水平、采区的进、回风流中的瓦斯、二氧化碳的浓度和风量，瓦斯和二氧化碳的浓度每隔 10 min 测定一次，并观测巷道中风流方向，风量每隔 30 min 测定一次；③选择瓦斯或二氧化碳涌出量大或涌出不正常的采掘工作面，测定瓦斯或二氧化碳的浓度、涌出量，并记录浓度达到 2% 的时间。

2）注意事项

（1）反风演习前，应切断井下电源；反风结束，在风流恢复正常后，风流中瓦斯浓度不超过 1% 时，方可恢复送电。

（2）反风演习持续时间内，在反风后出风井井口附近 20 m 的范围内以及与反风后出风井井口相连通的井口房等建筑物内，都必须切断电源，禁止一切火源存在，并禁止交通。

（3）反风演习前，井下火区必须进行封闭或消除，并加强反风时及其前后的观测。

5. 编写反风演习报告书

根据反风演习的过程要求，编写合格的反风演习报告书。反风演习报告书应标明矿井名称和反风起止时间，并包括以下内容：

（1）矿井通风情况，可参照表 4-1 填写。

（2）主要通风机运转情况，可参照表 4-2 填写。

（3）井巷中风量和瓦斯浓度，可参照表 4-3 填写。

（4）反风演习时，空气中瓦斯或二氧化碳达到 2% 的井巷，可参照表 4-4 填写。

（5）反风设备的反风操作时间，恢复正常通风操作的时间。

（6）矿井通风系统图（包括反风前、反风时的通风系统图）。

（7）反风演习参加人数，井下人数，地面人数。

（8）经验与教训。

（9）存在问题，解决办法和日期。

6. 实训考核

（1）根据学生在实训过程中的表现和实训成果分项评分。

（2）根据实训中编写的反风演习报告和绘制图纸评价。

（3）实训指导老师考核学生综合成绩。

二、通风机性能试验实训

1. 实训目的

（1）了解通风机的构造及其附属装置的布置。

（2）学习通风机性能试验测定方法。

（3）具有处理通风机性能试验数据及绘制通风机性能曲线的能力。

2. 实训仪器和设备

（1）实训仪器见表 4-5。

（2）矿井通风系统仿真实训装置。

3. 实训方法及内容

（1）通风机性能试验准备工作。依据矿井通风系统仿真实训装置，确定工况点调节位置，通风机压力、风量、转数、空气密度等参数测定位置和方法。

（2）准备测量仪器仪表、工具和测量表格。通风机性能试验所需要的仪表和工具见表 4-5。测量记录表格见表 4-6~表 4-14。

（3）其他准备工作。①检查矿井通风系统仿真模型完好状况；②记录通风机和电动机的铭牌技术数据，并检查通风机和电动机各部件的完好情况；③测量计算测风地点和安设工况调节处的仿真模型巷道断面尺寸；④在测风、测压地点安设皮托管或静压管；在电路上接入电工仪表。

（4）组织分工。通风机性能试验分组进行试验，并选定一人为总负责人。全班分为工况调节组、测风组、测压组、电气测量组和速算组。

4. 操作步骤和注意事项

1）操作步骤

准备工作完成后，总负责人发出信号，启动通风机，待风流稳定后，即可进行测试。每一个工况点的数据测量按下述步骤进行操作：

（1）第一声信号。工况调节组在矿井仿真系统模型调节面板对风门进行第一次试验，完毕后通知总负责人，5 min 后发出第二声信号。

（2）第二声信号。各组调整仪器，其中风表测风组开始测风。

（3）第三声信号。各组同时读取数据，将测量结果记录于基础记录表中，并将测量结果通知速算组。

（4）速算组将各组测量结果进行处理，测量数据正确，工况点位置合理后，进行第二点的测量工作，如此继续进行，直到将预定的测点数目测完为止。

2）注意事项

在通风机性能试验中应注意以下事项：

（1）通风机应在低负荷工况下启动，离心式通风机采用"闭启动"。

（2）轴流式通风机采用"开启动"。随时注意电动机的负荷和各部件的温升情况。轴流式通风机工况点在"驼峰区"附近时应特别注意，发现超负荷或其他异常现象应立即关掉电动机进行处理。

（3）同一工况的各个参数尽可能同时测量，测量数据波动较大时，应多次测量并取其平均值。

5. 总结分析

通风机性能试验完成后，由实训指导老师组织总结，并编写通风机性能试验报告书，对通风机性能试验中发现的设备、操作以及其他问题，加以分析，提出解决问题的方法。

6. 实训考核

根据学生在实训过程中的表现和实训成果，实训指导老师考核学生成绩。

复习思考题

1. 什么是矿井自然风压？自然风压有哪些特性？

2. 按照通风机构造，通风机分为哪几类？按照通风机服务范围，通风机分为哪几类？

3. 通风机的附属装置包括哪些？各有什么作用？

4. 《煤矿安全规程》通风机运转有哪些规定？

5. 反映矿井通风机特性的基本参数有哪些？它们各代表什么意义？

6. 什么是通风机的个体特性曲线？轴流式和离心式通风机的个体特性曲线有何特点？

7. 启动轴流式和离心式通风机应注意哪些问题？

8. 什么是通风机的合理工作范围？

9. 矿井的反风方法和反风方式有哪些？

10. 为什么要进行通风机性能试验？要测定哪些数据？如何表达通风机性能试验的结果？

第五章 矿井与采区通风系统

矿井通风系统是矿井通风方法、通风方式和通风网络的总称。它是用机械动力将地面新鲜空气经一定线路输送到井下各个用风地点，然后将污浊空气排出地面的系统。矿井通风方法是指矿井主要通风机对矿井供风的方式，分为抽出式、压入式和混合式。矿井通风方式是指矿井进风井筒与回风井筒的布置方式，分为中央式、对角式和混合式。矿井通风网络是指风流流经路线的连接形式，分为串联、并联、角联和复杂连接形式。

矿井通风系统对整个矿井的通风和生产安全有着极其重要的作用，是矿井生产中极其重要的内容。无论对于新建矿井还是生产矿井，都必须保证矿井通风系统的合理性。

第一节 矿井通风方法

矿井通风方法分为抽出式、压入式和混合式 3 种。

一、抽出式通风

抽出式通风是将矿井主要通风机安设在回风井一侧的地面上，新鲜风经进风井进入井下各个用风地点，污风再通过回风井的主要通风机排出地面的通风方法，如图 5-1 所示。

目前，我国大部分矿井采用抽出式通风，在矿井主要通风机的作用下，矿内空气的压力低于同标高大气压力，处于负压状态。抽出式通风的主要优点是：矿井主要进风巷道无须安设风门，便于运输、行人，矿井通风管理工作容易；另外在瓦斯矿井采用抽出式通风，由于矿井风流处于负压状态，当主要通风机因故停风时，井下风流压力提高，在短时间内可抑制采空区内瓦斯等有害气体的涌出，相对压入式通风比较安全。缺点是：当开采煤田上部第一水平而且地面塌陷区分布较广时，采用抽出式通风可能把塌陷区的有害气体抽到井巷中，威胁井下安全；当矿井自燃火灾比较严重时，若采用抽出式通风，容易将火区中的有毒有害气体抽到井巷中，威胁井下安全。目前我国大多数矿井都采用抽出式通风。

二、压入式通风

压入式通风为将矿井主要通风机安设在进风井一侧的地面上，新鲜风经进风井一侧的主要通风机进入井下各个用风地点，污风再通过回风井排出地面的通风方法，如图 5-2 所示。

压入式通风在矿井主要通风机的作用下，矿内空气的压力高于同标高大气压力，处于正压状态。压入式通风的缺点是：在矿井进风路线上需要设置控制风流的设施（如风门、风窗等），从而漏风较大，使通风管理工作比较困难；而且，压入式通风使井下风流处于正压状态，当主要通风机因故停风时，井下风流压力降低，在短时间内采空区内瓦斯等有

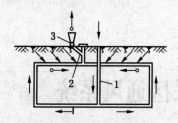

1—进风井；2—出风井；
3—矿井主要通风机

图 5 - 1　抽出式通风

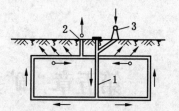

1—进风井；2—出风井；
3—矿井主要通风机

图 5 - 2　压入式通风

害气体的涌出量会增加，造成瓦斯积聚，对安全不利。压入式通风的优点是：当开采煤田上部第一水平而且地面塌陷区分布较广时，采用压入式通风，可用一部分回风把塌陷区的有害气体压到地面，形成短路风流，避免了塌陷区有害气体的危害；此外，当矿井火区比较严重，若采用抽出式通风易将火区中的有毒有害气体抽到井巷中，威胁安全，可采用压入式通风。所以当开采煤田上部第一水平而且地面塌陷区分布较广时，或者当矿井火区比较严重时，宜采用压入式通风。

三、混合式通风

混合式通风是指在矿井进风侧和回风侧都安设矿井主要通风机，地面新鲜空气由压入式主要通风机压入井下，污浊空气由抽出式主通风机排出井外。这种通风方法虽然产生较大的风压，但需要通风设备多，增大了矿井通风管理的难度，所以一般很少采用。

第二节　矿井通风方式

矿井通风方式是指矿井的进风井与出风井的布置方式，根据布置形式的不同，分为中央式、对角式和混合式 3 种。

一、中央式

中央式是进风井与出风井大致位于井田走向中央的方式。根据出风井沿井田倾斜方向位置不同，中央式又分为中央并列式和中央分列式（又叫中央边界式）。

1. 中央并列式

无论沿井田走向或倾斜方向，进风井与出风井均位于井田的中央，布置在同一工业广场内。如图 5 - 3 所示是立井中央并列式通风方式。

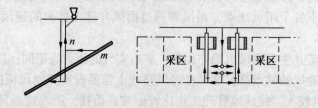

图 5 - 3　立井中央并列式通风

2. 中央分列式

进风井在井田的中央，出风井位于井田上部边界沿走向的中央，出风井的井底标高一般高于进风井井底标高。如图 5 - 4 所示是立井中央分列式通风方式。

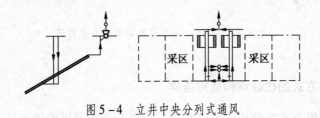

图 5 - 4　立井中央分列式通风

二、对角式

进风井在井田的中央，出风井分别位于井田上部边界沿走向的两翼，根据出风井沿走向位置的不同，又分为两翼对角式和分区对角式。

1. 两翼对角式

进风井位于井田中央，而在井田浅部沿走向的两翼边界附近或边界采区的中央各开掘一个出风井，如图 5 - 5 所示是两翼对角式通风方式。

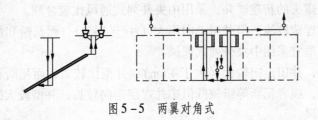

图 5 - 5　两翼对角式

2. 分区对角式

进风井位于井田中央，在每个采区的上部边界各开掘一个出风井，如图 5 - 6 所示为分区对角式通风方式。

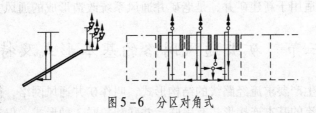

图 5 - 6　分区对角式

三、混合式

混合式即中央式和对角式的混合布置，混合式通风方式可以有以下几种形式：中央并列与中央分列混合式，中央并列与两翼对角混合式，中央分列与两翼对角混合式等。如图 5 - 7 所示为中央分列与两翼对角混合式通风。

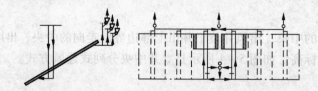

图5-7　中央分列与两翼对角混合式通风

四、主要通风方式的优缺点和适用条件

通过对各种通风方式的分析，可以看出，中央并列式通风的优点是：初期开拓工程量少，投资少，投产快；地面建筑比较集中，便于生产管理；两个井筒集中，便于井筒开掘和延伸，井筒安全煤柱少；通风系统简单，易于实现矿井反风。中央并列式通风的缺点是：矿井通风路线是折返的，通风路线较长，通风阻力较大；进出风井距离近，容易造成漏风使风流短路，特别是井底漏风较大；这种方式安全出口少。中央分列式和两翼对角式的布置方式与中央并列式的特点相反。

矿井通风方式选取应根据煤层赋存条件、地形条件、井田面积、走向长度以及矿井瓦斯和煤层自然发火等条件，从技术上、经济上和安全上加以分析，通过方案比较来确定。

煤层倾角大、埋藏深，但井田走向不大（小于4km），而瓦斯和煤层自然发火都不严重，地表又无煤层露头的新建矿井，采用中央并列式通风比较合理。

煤层倾角小、埋藏较浅，但井田走向不大（小于4km），而瓦斯和煤层自然发火比较严重的新建矿井，适宜采用中央分列式通风。

煤层埋藏较浅，井田走向较大（大于4km），井型比较大，而瓦斯和煤层自然发火比较严重的新建矿井，或者瓦斯等级较低但矿井煤层走向较长，井型较大的新建矿井，适宜采用两翼对角式通风。

煤层埋藏距地表较浅，瓦斯和煤层自然发火都不严重，但地表山峦起伏，无法开掘总回风道，或者地面小窑塌陷区严重，煤层露头多的新建矿井适宜采用分区对角式通风；瓦斯等级较高，或有煤与瓦斯突出危险，煤层自然发火危险性和煤尘爆炸性均较强，也适宜采用分区对角式通风。

混合式通风不适用于新建矿井，是老矿井通风系统改造形成的通风方式。

第三节　矿井通风网络的基本形式及特性

矿井风流按照生产要求流经路线的结构形式，叫作矿井通风网络，简称通风网。矿井通风网络中井巷风流的基本连接形式有串联、并联和角联3种形式。仅有串联和并联组成的通风网称为简单通风网或串并联通风网；矿井通风网有角联通风网络时，则称为角联通风网或复杂通风网。搞好通风工作必须掌握通风网络基本连接形式的特性。

一、串联通风及特性

串联通风为两条或两条以上的巷道循序地首尾相接，风流依次流经各巷道并且在中间无分支风路的通风，如图5-8所示。串联风路有以下特性：

1. 总风量和分支风量的关系

串联风路的总风量等于各分支的风量，即

$$Q_串 = Q_1 = Q_2 = \cdots = Q_n \tag{5-1}$$

2. 总风压和分支风压的关系

串联风路的总风压等于各分支风路上分风压之和，即

$$h_串 = h_1 + h_2 + \cdots + h_n \tag{5-2}$$

3. 总风阻和分风阻的关系

$$R_串 = R_1 + R_2 + \cdots + R_n \tag{5-3}$$

4. 总等积孔和分等积孔的关系

$$\frac{1}{A_串^2} = \frac{1}{A_1^2} + \frac{1}{A_2^2} + \cdots + \frac{1}{A_n^2} \tag{5-4}$$

式（5-4）表明：串联风路的总等积孔平方的倒数等于各分支风路的等积孔平方的倒数之和。式（5-4）可以简化成：

$$A_串 = \cfrac{1}{\sqrt{\cfrac{1}{A_1^2} + \cfrac{1}{A_2^2} + \cdots + \cfrac{1}{A_n^2}}} \tag{5-5}$$

二、并联通风及特性

并联通风为两条或两条以上的巷道，在某一点分开，又在某一点汇合，其中间无分支风路的通风。并联通风分为简单并联和复杂并联，简单并联如图5-9所示，复杂并联如图5-10所示。其共同的特点是：风流在 a 点分开，又在 b 点汇合，这类并联称为闭合式并联。如图5-11所示的风路称为敞开式并联，这类并联的特点是：风流在 B 点分开后，在井下不再汇合，而是直接与大气连通。并联风路有以下特性：

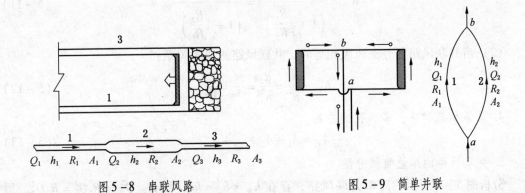

图5-8　串联风路　　　　图5-9　简单并联

1. 总风压和分支风压的关系

并联风路的总风压等于并联风路任一分支的风压，即

$$h_并 = h_1 = h_2 = \cdots = h_n \tag{5-6}$$

2. 总风量和分支风量的关系

并联风路的总风量等于各分支风路的风量之和，即

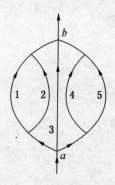

图 5-10　复杂并联

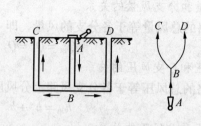

图 5-11　敞开式并联

$$Q_并 = Q_1 + Q_2 + \cdots + Q_n \tag{5-7}$$

3. 总风阻和分支风阻的关系

$$\frac{1}{\sqrt{R_并}} = \frac{1}{\sqrt{R_1}} + \frac{1}{\sqrt{R_2}} + \cdots + \frac{1}{\sqrt{R_n}} \tag{5-8}$$

上式表明：并联风路的总风阻平方根的倒数等于各分支风路风阻平方根的倒数之和。把式（5-8）化成如下形式：

$$R_并 = \frac{R_1}{\left(1 + \sqrt{\dfrac{R_1}{R_2}} + \sqrt{\dfrac{R_1}{R_3}} + \cdots + \sqrt{\dfrac{R_1}{R_n}}\right)^2} \tag{5-9}$$

（1）当并联风路为只有两条分支的简单并联风路时，并联风路的风阻关系：

$$\frac{1}{\sqrt{R_并}} = \frac{1}{\sqrt{R_1}} + \frac{1}{\sqrt{R_2}} \tag{5-10}$$

$$R_并 = \frac{R_1}{\left(1 + \sqrt{\dfrac{R_1}{R_2}}\right)^2} = \frac{R_2}{\left(1 + \sqrt{\dfrac{R_2}{R_1}}\right)^2} \tag{5-11}$$

（2）当并联风路各分支风阻相等时，并联风路的风阻关系：

$$R_并 = \frac{R_1}{n^2} = \frac{R_2}{n^2} = \cdots = \frac{R_n}{n^2} \tag{5-12}$$

4. 总等积孔和分支等积孔的关系

$$A_并 = A_1 + A_2 + \cdots + A_n \tag{5-13}$$

5. 并联风路的风量自然分配

分析图 5-9 所示的简单并联风路，存在 $h_并 = h_1 = h_2$，即 $R_并 Q_并^2 = R_1 Q_1^2 = R_2 Q_2^2$，得下式：

$$\frac{Q_1}{Q_并} = \sqrt{\frac{R_并}{R_1}} \qquad \frac{Q_2}{Q_并} = \sqrt{\frac{R_并}{R_2}} \tag{5-14}$$

$$Q_1 = \sqrt{\frac{R_并}{R_1}} Q_并 \qquad Q_2 = \sqrt{\frac{R_并}{R_2}} Q_并 \tag{5-15}$$

$$Q_1 = \frac{Q_{并}}{1 + \sqrt{\dfrac{R_1}{R_2}}} \qquad Q_2 = \frac{Q_{并}}{1 + \sqrt{\dfrac{R_2}{R_1}}} \tag{5-16}$$

式（5-14）说明：并联巷道中各分支风流风量与各分支巷道风阻的平方根成反比。风阻较大的巷道，自然分配的风量较小；风阻较小的巷道，自然分配的风量较大。这种按照并联巷道风阻大小分配风量称为风量自然分配。这是并联风路的一种特性。若有 n 条并联风路时，则：

$$\begin{cases} Q_1 = \dfrac{Q_{并}}{\left(1 + \sqrt{\dfrac{R_1}{R_2}} + \sqrt{\dfrac{R_1}{R_3}} + \cdots + \sqrt{\dfrac{R_1}{R_n}}\right)} \\[4mm] Q_2 = \dfrac{Q_{并}}{\left(1 + \sqrt{\dfrac{R_2}{R_1}} + \sqrt{\dfrac{R_2}{R_3}} + \cdots + \sqrt{\dfrac{R_2}{R_n}}\right)} \end{cases} \tag{5-17}$$

Q_3、Q_4、$\cdots$、Q_n 的求法，依次类推。

若 $R_1 = R_2 = \cdots = R_n$ 时，则：$Q_1 = Q_2 = \cdots Q_n = \dfrac{Q_{并}}{n}$。

综上所述，在计算并联风路的风量自然分配时，应根据已知条件，选择不同公式，实际工作中式（5-16）和式（5-17）比较常用。

通过对串联风路和并联风路的特性分析，可以发现并联风路和串联风路相比具有如下优势：

并联风路的分风路较多，总等积孔较大，通风风阻较小，通风容易；并联风路各分支都有独立的新鲜风流；并联风路中若某一分支发生事故，易于隔绝，不致影响其他风路，安全条件好；并联风路还有利于风流的控制和风量的调节，容易做到风量的按需分配。在实际生产中，并联风路比串联风路的开拓工程量大。

串联风路的通风风阻较大，总等积孔较小，通风困难；前段巷道的污浊风流必然流经后段巷道，后段巷道难以获得新鲜风流；串联风路中若某一分支发生事故，容易波及整个风路，安全条件差；串联风路中各工作地点不能进行风量的调节，不能有效利用风量。

由此可见，并联风路通风经济、安全、可靠。所以《煤矿安全规程》规定：生产水平和采区必须实行分区通风；采、掘工作面应实行独立通风。

三、角联通风及特性

并联风路的两条风路之间还有一条或数条风路连通的通风连接形式叫作角联通风。如图 5-12 所示为角联通风，BC 为对角巷道。

角联通风的特性是：对角巷道的风流是不稳定的。对角巷道的风流方向变化取决于相邻巷道的风阻值的比例，当对角巷道的相

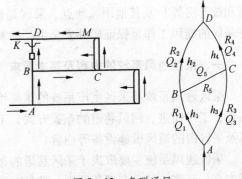

图 5-12　角联通风

邻巷道因冒顶或片帮、停放车辆、堆放材料等原因造成巷道风阻变化时，可造成对角巷道出现风量变化、滞风或风流反向。

对角巷道 BC 中无风流通过时，B、C 两点的压力相等，即

$$h_1 = h_3 \qquad R_1 Q_1^2 = R_3 Q_3^2$$

$$h_2 = h_4 \qquad R_2 Q_2^2 = R_4 Q_4^2$$

因为 $Q_1 = Q_2$，$Q_3 = Q_4$，两式相除得

$$\frac{R_1}{R_2} = \frac{R_3}{R_4} \qquad\qquad (5-18)$$

式（5-18）为角联风路中，对角巷道 BC 无风流通过时的判别式。

对角巷道 BC 中风流方向假定为由 B 流向 C 时，B 点的压力大于 C 点的压力，即

$$h_1 < h_3 \qquad R_1 Q_1^2 < R_3 Q_3^2$$

$$h_2 > h_4 \qquad R_2 Q_2^2 > R_4 Q_4^2$$

因为 $Q_1 > Q_2$，$Q_3 < Q_4$，两式相除得

$$\frac{R_1}{R_2} < \frac{R_3}{R_4} \qquad\qquad (5-19)$$

式（5-19）为角联风路中，对角巷道 BC 风流由 B 流向 C 时的判别式。

对角巷道 BC 中风流方向假定为由 C 流向 B 时，B 点的压力小于 C 点的压力，即

$$h_1 > h_3 \qquad R_1 Q_1^2 > R_3 Q_3^2$$

$$h_2 < h_4 \qquad R_2 Q_2^2 < R_4 Q_4^2$$

因为 $Q_1 < Q_2$，$Q_3 > Q_4$，两式相除得

$$\frac{R_1}{R_2} > \frac{R_3}{R_4} \qquad\qquad (5-20)$$

式（5-20）为角联风路中，对角巷道 BC 风流由 C 流向 B 时的判别式。

在实际通风管理工作中，注意尽量不要出现角联巷道，使通风系统简单化，尤其不能使工作面地点处于角联巷道中。若出现角联巷道时，应加强通风管理，严格控制各巷道风阻的比例关系，以防止对角巷道无风或风流反向，形成瓦斯积聚而发生事故。

第四节　采区通风系统

矿井是分采区回采的，每个采区都包括采煤工作面、掘进工作面、硐室（采区变电所和绞车房等）及其他用风地点。采区是矿井生产的中心，是人员比较集中的区域，搞好采区的通风工作是保证矿井安全生产的基础。

一、采区通风系统的内容及基本要求

采区通风系统是采区生产系统的重要组成部分。它包括采区的进、回风上山（下山）布置，工作面进、回风巷道的布置方式，工作面的通风方式，采区通风路线的连接形式，以及采区内的通风设施设备等内容。

采区通风系统主要取决于采区巷道的布置和采煤方法。在确定采区通风系统时，应遵循安全、经济、技术合理的原则，满足下列基本要求：

（1）生产水平和采区必须实行分区通风，采、掘工作面应实行独立通风。

（2）在采区通风系统中，要保证采区内风流的稳定性，尽可能避免对角风路和复杂通风网络。

（3）采区通风系统应力求简单，以便在发生事故时，易于控制风流和撤出人员。必须设置的通风设施（风门、风窗、风桥、密闭和风筒等）和设备（局部通风机、辅助通风机等）要选择适当位置，严格规格质量，严格管理制度，保证安全运转。

（4）采区通风系统应力求系统阻力小，通风能力大，风流畅通，风量按需分配；为此，要保证采区巷道断面足够，巷道要加强支护，巷道内无堆积物。

（5）采区通风系统应尽量减少漏风量，以利于瓦斯排放及防止采空区浮煤自燃。

二、采区通风系统布置形式

采区进风与回风上（下）山，是采区通风系统的主要风路，是由采区巷道布置所决定的。在确定采区巷道布置时，要同时考虑采区通风的问题，做到采区通风合理，满足采区通风的要求。

单一煤层开采时，采区中央一般布置两条上山，一条为进风上山，一条为回风上山，如图5-13所示，为单一煤层开采两条上山布置示意图。对于开采厚煤层产量较大或高瓦斯矿井的采区，考虑到生产和通风的要求，采区上山用带式输送机运输时，一般布置3条上山，其中一条为带式输送机上山，一条为轨道上山，一条为专用回风上山，如图5-14所示，为单一煤层开采3条上山布置的采区通风系统。

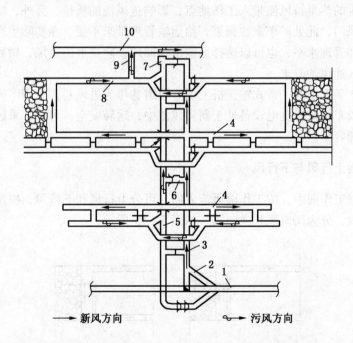

——→ 新风方向　　　⇝→ 污风方向

1—进风大巷；2—进风联络巷；3—输送机上山；4—区段运输平巷；5—轨道上山；
6—采区变电所；7—绞车房；8—回风平巷；9—回风石门；10—回风大巷

图5-13　输送机上山进风、轨道上山回风布置示意图

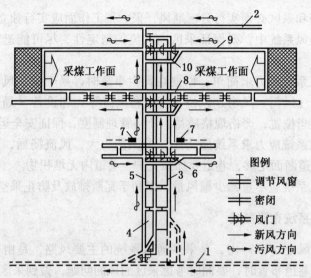

1—运输大巷；2—回风大巷；3—输送机上山；4—轨道上山；5—专用回风上山；6—中部车场；
7—局部通风机；8—区段进风平巷；9—区段回风平巷；10—上部车场

图5-14 单一煤层开采3条上山布置的采区通风系统示意图

采区布置两条上山时，一条为运输上山，一条为轨道上山，一般选择运输上山进风，轨道上山回风，其优点是运输机设备处于新鲜风流中运转比较安全，另外，轨道上山的上部车场不需安设风门，风门数目减少，便于通风管理；其缺点是运输上山产生的煤尘、释放的瓦斯、产生的热量被风流带入工作地点，影响进风流的质量，另外，轨道上山的下部车场内需安设风门，此处矿车来往频繁，给运输管理带来不便。在实际生产中，根据矿井具体开采条件和管理水平，也可以选择运输上山回风，轨道上山进风，做到采区通风系统合理，满足采区通风的要求。

采区布置3条上山时，带式输送机上山和轨道巷作为进风巷，专用回风上山作为回风巷道；运输和绞车提升等机电设备处于新鲜风流中，运转安全，另外，采区通风系统比较简单，通风管理容易。

三、工作面上行风与下行风

在走向长壁工作面中，按工作面风流方向，可分上行风和下行风，按照风流方向和运煤方向是否一致，分为同向风和逆向风。如图5-15所示。

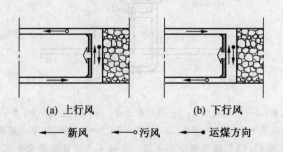

(a) 上行风   (b) 下行风

——新风   ——污风   ——运煤方向

图5-15 采煤工作面的上行风和下行风

上行风是指采煤工作面进风巷水平低于回风巷水平时，采煤工作面风流沿倾斜向上流动；下行风是指采煤工作面进风巷水平高于回风巷水平时，采煤工作面风流沿倾斜向下流动。同向风是指工作面风流方向与运煤方向一致时的风流，逆向风是指工作面运煤方向与风流方向不一致时的风流。实际生产中，只存在上行逆向风流（简称上行风）和下行同向风流（简称下行风），不存在上行同向风流和下行逆向风流。在我国目前生产条件下，采煤工作面一般采用上行风。

上行风的优点是：采煤工作面的瓦斯由于密度较小，具有一定的上浮力，瓦斯自然流动的方向和风流方向一致，有利于较快地降低瓦斯浓度，防止在低风速地点造成瓦斯分层或积聚；采用上行风时，运输设备处于进风巷中，安全性较好；除夏季外，采用上行风采区进、回风产生的自然风压与主要通风机产生的机械风压方向相同，利于采区通风；下行风则相反，一旦主要通风机停风，工作面风流在自然风压的作用下就有可能停风或反向，不利于事故处理；工作面一旦起火，所产生的火风压与主要通风机产生的机械风压方向相同，而下行风则相反，会使工作面风量减少，在起火地点，上行风发生瓦斯爆炸的可能性比下行风要小，更容易控制风流减小灾情。因此，要求采煤工作面都应采用上行风。上行风的缺点是：风流方向与运煤方向相反，容易引起煤尘飞扬，增加了采煤工作面进风流中煤尘浓度；煤炭在运输过程中释放的瓦斯，又随风流带到采煤工作面，增加了采煤工作面的瓦斯浓度；运输设备运转时所产生的热量随进风流带到采煤工作面，使工作面气温上升。

下行风的优缺点和上行风相反。下行风与瓦斯自然流动方向相反，风流与瓦斯易于混合，不易出现瓦斯分层和局部瓦斯积聚现象；煤炭在运输过程中散放的瓦斯、产生的煤尘、运输设备产生的热量被下行风直接带入采区回风巷，对比上行风，下行风工作面的瓦斯浓度小、煤尘浓度小和工作面温度低；下行风工作面的自然风压和火风压与主要通风机产生的机械风压相反，在主要通风机停风或工作面发生火灾时，处理事故比较困难。因此，对下行风的使用应采取慎重的态度，《煤矿安全规程》规定：煤层倾角大于12°的采煤工作面采用下行通风时，应当报矿总工程师批准，并遵守下列规定：

（1）采煤工作面风速不得低于1 m/s。

（2）在进、回风巷中必须设置消防供水管路。

（3）有突出危险的采煤工作面严禁采用下行通风。

四、工作面通风系统类型与选择

我国大部分矿井多采用走向长壁后退式采煤法，采煤工作面进风巷与回风巷的布置有U、Z、Y、双Z和W等形式，如图5－16所示。这些形式都是由U形改进而成，其目的是为了加大工作面长度，增加工作面供风量，改善工作面气候条件，预防瓦斯局部积聚。

工作面U形通风是长壁工作面普遍采用的通风形式，这种通风方式的优点是采空区漏风小；但在工作面上隅角附近容易积聚瓦斯，影响工作面的安全生产。当瓦斯涌出量不大时，可用导风设备（导风板、风障等）引导风流带走上隅角的瓦斯；当瓦斯涌出量较大时，为了稀释工作面和回风流的瓦斯浓度，消除上隅角的瓦斯积聚，可改变U形通风形式，如图5－16所示的其他形式。

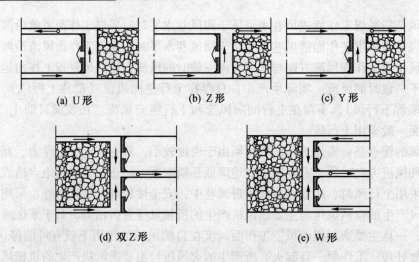

图 5-16　采煤工作面的通风系统

Z 形通风是在采空区上部维护一条回风巷，工作面回风流经回风巷，将工作面和采空区涌出的瓦斯排除。这种方式适用于采空区瓦斯涌出量较大的采煤工作面，对于降低其回风巷瓦斯浓度是有利的。

Y 形通风为工作面上下平巷进风，在采空区上部维护一条回风巷，工作面回风流经回风巷将工作面和采空区涌出的瓦斯排除。这对消除上隅角瓦斯积聚，减少回风巷瓦斯危害有较好的效果。

在综采工作面，当瓦斯涌出量大，产量严重受到通风限制时，可在上下区段之间开掘中间平巷，形成双 Z 和 W 形通风形式，这两种形式的供风量，在相同情况下，要比 U 形通风增加 1 倍，有利于稀释和吹散瓦斯，改善工作面的气候条件，比较常用的为 W 形通风形式。

五、采区串并联通风及要求

1. 并联通风

所谓并联通风是指采掘工作面采区和生产水平以及其他用风地点都有自己的进回风巷道，其回风巷都各自排入采区回风巷或总回风巷而不进入其他用风地点的通风布置方式。也称独立通风或分区通风。并联通风的优点是：

（1）通风路线短，通风阻力小，漏风少，经济合理。

（2）各用风地点保持新鲜风流，作业环境好。

（3）当一个采区、工作面或硐室发生灾变时，不至于影响或波及其他地点，安全可靠。

新采区准备阶段时，在没有构成独立通风系统之前，要布置各个工作面独立通风存在困难，如果布置 2 个或 2 个以上的掘进工作面同时掘进，必将增加被串生产水平（采区）进风流中瓦斯或其他有害气体的浓度或发生多次串联通风的现象；同样道理，采煤工作面在没有构成独立通风系统之前进行开采，也会增加被串生产采区（面）进风流中瓦斯或其他有害气体的浓度。这样不仅违反《煤矿安全规程》有关规定，而且威胁矿井安全。

因此，准备采区必须在采区构筑通风系统后，方可开掘其他巷道；采煤工作面必须在采区构成完整的通风系统后，方可开采。

采区巷道布置时，有时需要布置专用的回风道。所谓专用回风道，是指在采区的巷道布置中，专门用于回风而不得用于运料或安设电气设备的巷道，在有煤与瓦斯突出区的专用回风道内不得行人。为了保证采区通风系统稳定，为采区内的采掘工作面布置独立通风以及抢险救灾创造条件，高瓦斯矿井、煤与瓦斯突出矿井、易自燃煤层的采区和开采煤层群或分层开采用联合布置的采区，必须设置1条专用回风巷。

服务于整个采区的进、回风巷，必须贯穿整个采区，严禁一段为进风巷，一段为回风巷，否则，就不能保证采区内所有采掘工作面都能得到合理的布置和实现稳定可靠的独立通风方式。一条巷道分为两段，一段为进风巷，另一段为回风巷，极易造成风流短路和紊乱，破坏通风系统的稳定可靠性，潜在危害极大。

因此，《煤矿安全规程》规定：生产水平和采（盘）区必须实行分区通风。

准备采区，必须在采区构成通风系统后，方可开掘其他巷道。采煤工作面必须在采（盘）区构成完整的通风、排水系统后，方可回采。

高瓦斯突出矿井的每个采（盘）区和开采容易自燃煤层的采（盘）区，必须设置至少1条专用回风巷；低瓦斯矿井开采煤层群和分层开采采用联合布置的采（盘）区，必须设置1条专用回风巷。

采区进、回风巷必须贯穿整个采（盘）区，严禁一段为进风巷、一段为回风巷。

2. 串联通风

所谓串联通风是指采掘工作面采区和生产水平以及其他用风地点回风巷道的风流进入其他用风地点的通风布置方式。多个用风地点的串联通风也称"一条龙"通风。串联通风的缺点是：

（1）串联的采掘工作面或其他用风地点的空气质量无法保证，有毒有害气体浓度会增大，作业环境恶化，损坏工人的身体健康，增加灾害的危险程度。

（2）前面的采掘工作面或其他用风地点一旦发生事故，将会影响或波及被串联的采掘工作面或其他用风地点，扩大灾害范围。

所以一般情况下，不应采用串联通风方式。布置独立通风确有困难时，无论采用"采串采""采串掘""掘串掘"等何种方式，都不得超过1次，而且，在进入被串联工作面的风流中装设甲烷断电仪，且瓦斯和二氧化碳浓度都不得超过0.5%。

特别注意的是，一般情况下不允许掘进工作面的回风流串入采煤工作面，即所谓的"掘串采"。只有在采区内为构成新区段通风系统的掘进巷道或采煤工作面遇到地质构造而重新掘进巷道，布置独立通风确有困难时，才允许其回风串入采煤工作面，而且必须制定安全措施，当构成通风系统后，立即改为独立通风。不允许采用"掘串采"的串联方式，主要考虑到掘进工作面的通风管理比较复杂，容易出现局部通风机关停、风筒损坏漏风或风筒末端距工作面太远等而导致瓦斯积聚；加上掘进工作面频繁打眼、爆破、运煤等容易产生引爆火源等，通风安全条件较差，是事故多发地点。采煤工作面是作业人员比较集中的地点，一旦掘进工作面发生瓦斯燃爆事故，就会直接波及被串联的采煤工作面及附近区域，导致事故灾害的范围扩大。

对于有煤（岩）与瓦斯（二氧化碳）突出危险的煤层，严禁任何形式的串联通风。

因为突出危险煤层的采掘工作面一旦发生突出动力现象，大量高浓度的瓦斯首先会涌入被串联的采掘工作面，然后再进入总回风巷排出，这样会造成被串联的采掘工作面作业人员窒息伤亡，甚至发生瓦斯煤尘爆炸事故。

因此，《煤矿安全规程》规定：

采、掘工作面应实行独立通风。同一采区内1个采煤工作面与其相连接的1个掘进工作面、相邻的2个掘进工作面，布置独立通风有困难时，在制定措施后，可采用串联通风，但串联通风的次数不得超过1次。

采区内为构成新区段通风系统的掘进巷道或采煤工作面遇地质构造而重新掘进的巷道，布置独立通风有困难时，其回风可以串入采煤工作面，但必须制定安全措施，且串联通风的次数不得超过1次；构成独立通风系统后，必须立即改为独立通风。

对于本条规定的串联通风，必须在进入被串联工作面的巷道中装设甲烷传感器，且甲烷和二氧化碳浓度都不得超过0.5%，其他有害气体浓度都应符合本规程第一百三十五条的规定。

开采有瓦斯喷出、有突出危险的煤层或者在距离突出煤层垂距小于10 m的区域掘进施工时，严禁任何2个工作面之间串联通风。

六、采区通风管理中注意事项

采区通风管理中注意事项：

（1）根据采区的地质条件和开采技术条件，确定采区风量和风流控制设施。按照采区实际情况计算采区需风量，并分配到采掘工作面、硐室等用风地点；在生产条件变化的情况下，及时有效地进行局部风量调节，按照有关规定确定通风设施和通风设备的合理位置，并严格其质量，以保证工作地点风量和良好的气候条件。

（2）按照《煤矿安全规程》规定，进行采区风量和风速检查。检查风量和风速的目的，是检查采区进风量、各用风地点的风量分配、采区漏风情况以及各巷道风速等是否符合规定，发现问题及时上报处理。生产实践证明，加强风量检查，能够及时发现问题并采取措施，有效地改善采区通风状况。

（3）进行采区通风阻力检查和测定。该项工作能够掌握采区通风网络的阻力分布状况；对阻力较大的地点或区域采取相应的措施，为改善采区通风系统，减少通风阻力，保证采区通风能力提供了可靠的依据。

（4）按照《煤矿安全规程》要求，组织通风安全各项检查工作，发现问题及时处理。包括测定井下空气成分、湿度和温度、有害气体含量、空气中矿尘含量等，以确保采区内具有良好的通风状况和适宜的作业环境。

（5）加强采区内火区的检查，掌握煤层自然发火的情况。应定期对火区内的空气成分和温度进行分析，采取有力措施，防止自然发火引起的事故。

（6）加强采区瓦斯的检查工作。按照规定及时准确检查瓦斯浓度，采取相应的瓦斯防治措施，防止瓦斯事故发生。

（7）按要求绘制与填绘采区通风系统图。及时掌握采区通风网络的变化情况，填写各种通风安全报表，并对各种报表进行分析和研究，发现问题及时处理。

第五节　井下通风设施及矿井漏风

井下各个用风地点所需的风量是按生产要求确定的，所以井下各巷道风流方向和风量也必须按照设计确定和分配。这就要求，在某些巷道内设置相应的通风设施，对风流进行控制。通风设施必须选择合理位置，严格工程质量和管理制度，确保矿井用风按需分风；否则，会造成大量漏风或风流短路。

一、通风设施的种类

井下巷道纵横交错，相互贯通，为保证风流沿着需要的方向和路线流动，在某些巷道中设置的一些对风流控制的构筑物，称为通风设施。矿井内的通风设施，按其作用不同，可分为引导风流的设施和隔断风流的设施。

1. 引导风流的设施

引导风流的设施主要有风硐、反风装置、测风站、风窗和风桥。以下主要介绍风桥。

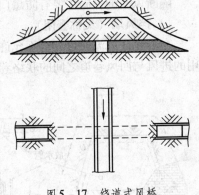

风桥是将两股平面交叉的新、污风流隔离成立体交叉的一种通风设施。一般情况下，污风从桥内通过，新风从桥外通过。根据风桥的结构不同，风桥可分为3种形式。

(1) 绕道式风桥。如图 5 - 17 所示，绕道式风桥开凿在岩石中，坚固、不易破坏，漏风小，但工程量较大，当服务时间较长，通过风量一般在 20 m³/s 以上时，可以采用此种方式。

图 5 - 17　绕道式风桥

(2) 混凝土风桥。如图 5 - 18 所示，风桥结构紧凑，比较坚固，当风桥服务时间较长，通过风量一般在 10 ~ 20 m³/s 时，可以采用此种方式。

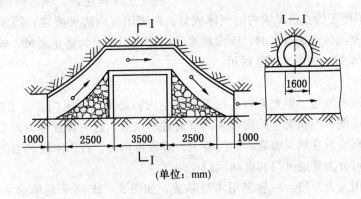

（单位：mm）

图 5 - 18　混凝土风桥

(3) 铁筒风桥。如图 5 - 19 所示，风桥由铁筒和风门组成，铁筒直径不小于 750 mm，铁筒壁厚不小于 5 mm，每侧应设两道以上风门，当风桥服务时间较短，通过风量不大，小于 10 m³/s 时，可以采用此种方式。

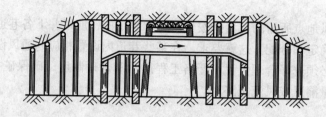

图 5 - 19　铁筒风桥

2. 隔断风流的设施

隔断风流的设施主要有防爆门、挡风墙和风门。防爆门内容详见第四章。

1）挡风墙（又称密闭）

在不允许风流通过，也不允许行人行车的井巷，如采空区、废弃巷道、火区以及不使用的进风与回风巷道之间的联络巷道，都必须设置挡风墙。

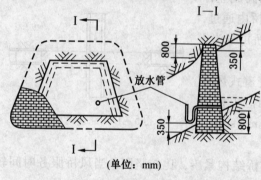

（单位：mm）

图 5 - 20　挡风墙结构

挡风墙按其结构及服务年限，分为临时性挡风墙和永久性挡风墙。临时性挡风墙是在巷道立柱上钉上木板，在木板上抹黄泥，建成临时用的挡风设施，这种风墙的特点是，可以缓冲顶板压力，使挡风墙不产生大量裂隙，从而减少漏风，但在湿度较大的巷道内，挡风墙容易腐烂，服务时间较短。永久性挡风墙一般采用砖、石和水泥材料建成，巷道压力较大时宜采用混凝土材料建筑，服务时间较长（一般两年以上）。为了便于检查挡风墙内的气体成分，对密闭区内防火灌浆，挡风墙上应设观测孔和注浆孔，密闭区内如有水时，应设放水管以排出积水。为防止漏风，放水管一端应制成 U 型，保持水封，如图 5 - 20 所示。

2）风门

在不允许风流通过，但允许行人行车的井巷内，必须设置风门。为了控制巷道风量，在风门上开一可调节面积大小的窗口来调节通过的风量，这一装置称为调节风窗。

风门的门扇安设在挡风墙墙垛的门框上，墙垛可用砖、石、木段和水泥砌筑。风门按其结构不同，可分为普通风门和自动风门。

普通风门用人力开启，一般多用木材制成，如图 5 - 21 所示是单扇木质沿口普通风门。这种风门的结构特点是门扇和门框呈斜面沿口接触，接触处有可压缩性衬垫，使风门严密，减少漏风；门框和门扇顺风流方向倾斜，和水平面呈 80°～85°倾角，风门开启方向也要迎着风流方向，使风门在重力和风压作用下，易于关闭并严密。门框下设门槛，过车的门槛要留有轨道通过的槽缝，门扇下部要设挡风帘，防止风门漏风。

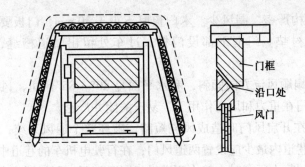

门框
沿口处
风门

图 5-21　单扇木质沿口普通风门

自动风门是借助各种动力来开启与关闭的一种风门，按其动力不同又分为撞杆式、气动式、电动式和水动式等。撞杆式自动风门是用矿车撞击风门撞杆开启风门，矿车通过后，风门在重力和风压的作用下关闭。气动、电动、水动自动风门的电源开关，可采用无触点光敏电阻或超声波电路开关，使风门的动作更加灵活、可靠。自动风门还可以实施遥控及集中监视。

二、通风设施的施工质量要求与管理

1. 风桥的施工质量要求与管理

(1) 风桥前后 6 m 以内的巷道支架要加固，不易破坏，风桥两端接口要严密，四周要固定在实帮、实顶和底板中。

(2) 混凝土风桥和绕道式风桥壁厚不小于 0.45 m，风桥断面不小于巷道断面的 4/5，坡度要小于 25°，风桥通风路线要呈流线型。

(3) 各种风桥均应用不燃性材料建筑，桥面平整不漏风，其漏风率不大于 2%，通风阻力不大于 150 Pa，风速不大于 10 m/s，风桥上下应慎重安设风门。

2. 挡风墙施工质量要求与管理

(1) 永久风墙的上部厚度不小于 0.45 m，下部厚度不小于 1 m，挡风墙前后 5 m 内的巷道支护要良好且用防腐支架，无片帮、冒顶，墙内无浮煤，墙外要设栅栏和警标；墙四周的顶、帮和底均要掏槽，槽深在煤中不小于 1 m，在岩石中不小于 0.5 m，墙与槽接缝处要填实，墙面要抹平、抹严、刷白、无裂缝。

(2) 临时性风墙设在帮、顶良好处，墙四周的顶、帮和底均要掏槽，槽深在煤中不小于 0.5 m，在岩石中不小于 0.3 m，挡风墙前后 5 m 内的巷道支护要良好，且用防腐支架，无片帮、冒顶，墙内无浮煤，墙外要设栅栏和警示标志。

3. 风门施工质量要求与管理

(1) 要求风门安设地点其前后 5 m 内支架完好，无空帮空顶。尽量避免在煤巷中设置风门（因风门两侧压差大，通过煤帮裂隙的漏风易导致煤炭自然发火）。要避免在弯道和倾斜巷道中设风门。

(2) 门墙四周均要掏槽，槽深在煤中不小于 30 mm，在岩石中不小于 0.2 m，门墙厚不小于 0.45 m，槽中要填实封满，墙无裂缝。通过门墙的电缆和管道孔周围要堵严密。

（3）风门应结构严密、漏风少。木门板厚不小于30 mm，门板要错口接缝。门扇与门框接触有可缩性衬垫。门框下部设门槛，过车处留出轨道槽缝，在门槛下缘设挡风帘。

（4）门框和门扇顺风流方向倾斜，和水平面呈80°～85°倾角，风门开启方向也要迎着风流方向，使风门在重力和风压作用下，易于关闭并严密。

（5）为了避免在开启风门时造成风流短路，破坏整个通风系统，设置风门时，应注意以下原则：同一巷道内最少应设置两道风门；在行驶电机车的巷道中，两道风门间距大于一列矿车的长度；行人行车时，禁止两道风门同时打开。两侧压差大的主要风门应采用风门连锁装置，或者设置3道以上风门，以减少风门漏风。

（6）为了防止矿井反风时风流短路，主要风路的风门应安设反向风门，正常通风时开启，反风时关闭。

（7）为保证安全，在有电机车通过的风门区域，应设置声光信号。

三、矿井漏风及其预防

矿井漏风是指矿井通风系统中，进入井巷的风流没有达到用风地点之前沿途漏出或漏入的现象。漏出或漏入的风量称为漏风量，用风地点的实际供风量称为有效风量。通过地表裂缝或井口通风设施（如风门、风硐闸门、反风装置、防爆门等），风流由外部直接漏入风硐，称为外部漏风。通过井下各种通风设施、采空区、煤柱等的漏风，称为内部漏风。

1. 漏风的产生及危害

产生漏风的原因主要是漏风区两端存在压差和风流通道。井上、下控制风流的设施不严密，采空区顶板岩石垮落后未被压实，煤柱被压坏，地表有裂隙通道，都会造成矿井漏风。矿井漏风有如下危害：

（1）漏风会使工作面有效风量减少，造成工作面风量不足、微风或无风，使瓦斯积聚，煤尘不能带走，工作面气温升高，形成不良的气候条件，影响工人的身体健康，降低劳动效率。

（2）漏风通道较多、漏风量大的通风系统，必然会使整个通风系统复杂化，降低了通风系统的稳定性和可靠性，增加了风量调节的困难程度。

（3）采空区、煤柱等地点的漏风，会引起煤炭的自然发火。

（4）抽出式通风的矿井、地表塌陷区的漏风，会将采空区或老窑内的有害气体带入井巷，直接威胁采掘工作面的生产安全。

（5）大量漏风会造成电能的无益消耗，经济效益降低，造成电能的浪费。

2. 矿井漏风参数的表示方法

矿井漏风参数是矿井通风状况的重要指标，是表示矿井漏风程度，衡量矿井通风管理工作质量的标准，测定计算矿井漏风参数，能够有的放矢地解决漏风问题，提高矿井有效风量，更好地做好矿井通风工作。矿井漏风参数有以下几种：

1）矿井漏风率（$P_{矿}$）

矿井漏风率是指全矿井漏风量占通风机工作风量的百分比，即

$$P_矿 = \frac{Q_漏}{Q_通} \times 100\% = \frac{Q_通 - Q_效}{Q_通} \times 100\% \qquad (5-21)$$

式中 $Q_漏$——全矿井漏风量，m^3/s；

$Q_通$——通风机工作风量，m^3/s；

$Q_效$——矿井有效风量，m^3/s。

2）矿井有效风量率（$P_效$）

矿井有效风量率是指实际到达用风地点的有效风量占通风机工作风量的百分比，即

$$P_效 = \frac{Q_效}{Q_通} \times 100\% \qquad (5-22)$$

3）矿井外部漏风率（$P_外$）

矿井外部漏风率是指矿井外部漏风量占通风机工作风量的百分比，即

$$P_外 = \frac{Q_通 - Q_进}{Q_通} \times 100\% \qquad (5-23)$$

式中 $Q_进$——矿井总进风量，m^3/s。

4）矿井内部漏风率（$P_内$）

矿井内部漏风率是指井下漏风量占通风机工作风量的百分比，即

$$P_内 = \frac{Q_进 - Q_效}{Q_通} \times 100\% \qquad (5-24)$$

5）漏风系数（K）

矿井漏风系数是指矿井总进风量与矿井总有效风量的比值，即

$$K = \frac{Q_进}{Q_效} \qquad (5-25)$$

3. 防止矿井漏风的措施

通常来讲，矿井漏风是有害的。在实际生产和通风管理中，要采取必要措施防止矿井漏风，满足《煤矿安全规程》对漏风的要求。为了防止矿井漏风，应根据实际情况，采取以下措施：

（1）选择合理的通风系统。矿井的通风方式、通风方法、通风网络的形式以及矿井通风设施的数量、位置与矿井的漏风有着密切关系，应根据实际情况，进行通风系统方案设计、比较，选择合理的通风系统。

（2）选择合理的开拓、开采方法。矿井的开拓系统、开采顺序和开采方法对矿井漏风有很大的影响，因此，服务年限长的主要巷道应开掘在岩石当中，尽量采用后退式下行开采顺序，用垮落法管理顶板的采煤方法应适当增加煤柱尺寸或填充采空区以杜绝采空区漏风。

（3）减少井口漏风。对于斜井可多设几道风门，并加强其工程质量，对于立井应加强防爆门的密封，此外，还要防止反风装置和闸门的漏风。

（4）减少塌陷区和地表的漏风。及时填充地面塌陷坑洞及裂缝，并封闭井田内小窑。

（5）减少煤仓和溜煤眼的漏风。使储煤仓和溜煤眼保持一定的煤量，防止煤仓和溜煤眼的漏风。

（6）防止通风设施的漏风。通风设施的安装位置、类型及质量应慎重考虑。通风设

施不应安装在有裂隙的地质条件不好的地点，在风压大的巷道内应采用质量较高的通风设施。

第六节　矿井通风系统图及网络图

一、矿井通风系统图

矿井通风系统图是矿井必备的图纸之一，它能反映矿井所有的通风系统之间的关系，以便分析通风系统的合理性，了解风量分配和通风管理的状况，在矿井发生灾害时能够正确指导事故的处理。所以，《煤矿安全规程》规定，每一个矿井必须有随情况变化的及时填绘的矿井通风系统图。矿井通风系统图上应标明风流方向、风量大小和通风、防火、防尘设施和设备的安装地点以及火区位置和范围。必须按季绘制通风系统图并按月补充修改。

矿井通风系统图，按照绘制方法的不同，分为通风系统平面图、通风系统平面示意图和通风系统立体示意图。

1. 通风系统平面图

通风系统平面图是在采掘工程平面图上加上风流方向以及通风系统图所具备的内容所组成的。它是绘制通风系统平面示意图、通风系统立体示意图和通风网络图的基础图纸，要求按月填图。

2. 通风系统平面示意图

通风系统平面示意图是根据采掘工程平面图中实际通风巷道的平面相对位置，用不按比例的线条绘制而成。如图5-22所示为立井对角式通风系统平面示意图。它的特点是可以清楚地反映全矿井通风状况，又可以清楚地反映每一区域的通风情况和各区域通风系统之间的关系。

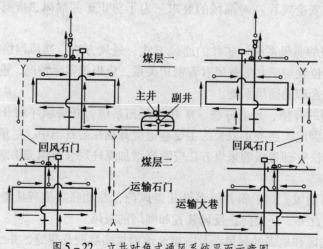

图5-22　立井对角式通风系统平面示意图

3. 通风系统立体示意图

通风系统立体示意图是根据矿井各煤层各巷道的立体相对位置，以轴侧投影方式用不按比例的线条绘制而成，具有直观立体感觉，它的特点是可以清楚地反映矿井各巷道之间的位置关系。图5-23a所示为立井对角式通风系统立体示意图。

二、矿井通风网络图

用不按比例、不反映空间关系的单线条来表示矿井通风网络的图，称为通风网络图。它可以把矿井各通风巷道之间的关系和风流流动情况更加清晰地表示出来，便于分析、研究通风系统的合理性，进行通风网路的解算，改善和加强通风管理，如图5-23b所示。绘制矿井通风网络图的具体方法和原则如下：

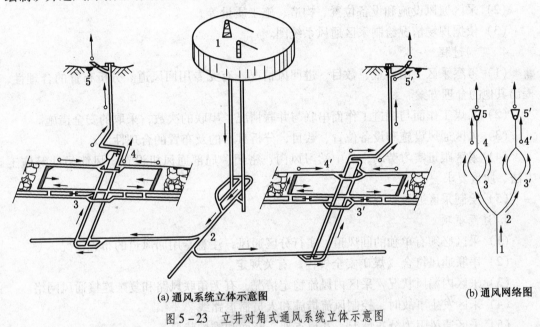

(a) 通风系统立体示意图   (b) 通风网络图

图5-23 立井对角式通风系统立体示意图

（1）在通风系统图上，沿风流流动路线将各分岔点和汇合点依次编号，再沿编号顺序将风流流动路线按各分岔、汇合的情况依次绘成单线图，并在各线段上标明风流方向、巷道风阻、通过风量及通风阻力等数值。

（2）几个相距很近的点，可简化为一点。某些局部区段网路可化为一根单线，但应注明此区段始末两点的编号，线段上所注的风阻、风量及阻力应为此区段的总风阻、总风量及阻力。

（3）无通风机工作的几个标高相差不大的井口，可以闭合成一点。

（4）通风网络图的线条要画均匀，并联风流最好画成互相对称的圆弧曲线。

（5）主要漏风地段及主要通风设施应画出。

技能训练

一、采区通风系统认识实训

1. 实训的目的

（1）了解采区通风系统的组成。

（2）了解采区内通风设施和设备。

（3）绘制采区通风系统图。

2. 实习实训场地设施

（1）矿井通风系统仿真实训装置。

（2）煤矿现场实地实习。

3. 实训内容

（1）采区通风路线，采区主要进、回风巷，采煤工作面通风方式，采煤工作面上行风与下行风。

（2）采区通风设施和设备位置、构造、施工质量等。

（3）依据现场情况绘制采区通风系统图。

4. 实训过程

（1）考察采区上山布置、数目、进回风情况、有无专用回风道。分析布置的合理性，提出其他的合理方案。

（2）采煤工作面与掘进工作面串联与并联情况，串联的次数，采取的安全措施。

（3）采区通风设施和设备位置、数目，分析其目的及布置的合理性。

（4）采区跟班实习劳动，从中学习风门、密闭、局部通风机设置、风筒吊挂等施工方法、质量要求。

（5）绘制采区通风系统图。

5. 注意事项

（1）采区必须有单独的回风道，实行分区通风，注意专用回风道的布置情况。

（2）串联通风符合《煤矿安全规程》有关规定。

（3）采区内漏风状况，采区内风流稳定情况，有无角联风路和复杂连接通风网络。

（4）采区发生事故时，控制风流措施和人员撤退路线。

（5）采区通风阻力分布情况，巷道支架、断面和维护状况。

（6）采区风流的气候条件，温度、湿度风速状况。

6. 总结分析

采区实习完成后，由实习实训指导老师组织总结，并编写实习报告书，对实习中发现的采区布置，设施、设备、操作、工程质量和管理以及其他问题，加以分析，提出解决的方法，并绘制采区通风系统图。

7. 实训考核

（1）根据学生在实习实训过程中的表现和实习成果分项评分。

（2）根据实习中编写的实习报告和绘制图纸评价，实训指导老师考核学生综合成绩。

二、矿井通风网络图的绘制技术实训

1. 实训目的

依据矿井通风系统仿真实训装置或实际矿井通风系统图，绘制矿井通风网络图。

2. 实训内容

（1）了解矿井通风系统。

（2）掌握绘制矿井通风网络图的方法。

3. 实训过程

1）节点编号

在通风系统图上确定节点（风流的分合点）的位置，并从进风井口开始，沿风流流动方向对每一个节点依次进行编号，直到出风井口为止。也可按系统、按翼分开编号。节点编号由小到大不能重复。所有与大气节点标高相同的点作为一个节点（即大气节点）编同一个号码；若与大气的节点标高明显不同，要考虑自然风压时，在两点之间可加一个虚分支（用虚线表示）；井底车场或采区车场可简化为一个节点；风硐与回风井交叉点处应设一个节点，以便绘出地面漏风分支；通风机入口的节点设置可灵活掌握。

2）分支连线

将有风流连通的节点用单线条连接。先连主干风路，后连支路。为便于区分，正常通风风路用实线表示，漏风风路用虚线表示，大气风支用点画线表示。对已封闭的采空区、旧巷不必再画出，但未熄灭的火区、高温点、风门等路线应画出。

3）图像整理

通风网络图形状不一。在正确反映风流分支关系的前提下，要求网络图应简明、清晰、美观。整个网络图可水平排列，也可竖直排列。水平排列时，把进风系统布置在图的左侧，回风系统布置在图的右侧；垂直排列时，把进风系统布置在图的下部，回风系统布置在图的上部。利用边（分支）可伸缩、曲直、位移的特点，尽量避免或减少交叉分支的出现。

4）标注

标注除标出各分支的风向、风量外，还应将进出风井、用风地点、通风、防火设施以及火区位置等加以标注，并以图例说明。

4. 注意事项

（1）某些串并联的分支群可以用风阻值与其等效的分支代替。

（2）阻力很小的局部风网或两个节点很小时，可以简化为一点，如井底车场等。

（3）风阻很大的分支可视为断路。

（4）节点与节点之间有一定的距离。

（5）分支之间尽可能不交叉。

（6）通风网络图总体形状基本为"椭圆形"。

5. 总结分析

由实训指导老师组织总结，根据矿井通风系统图，绘制完整的矿井通风网络图。

6. 实训考核

（1）根据学生在实训过程中的表现和实习成果分项评分。

（2）根据实习中绘制图纸评价，实训指导老师考核学生综合成绩。

复习思考题

1. 什么是矿井通风系统？它包括哪些内容？

2. 矿井主要通风机的工作方法有几种？各适用于什么条件？

3. 矿井通风方式有几种？各适用于什么条件？

4. 采区通风系统的基本要求有哪些？

5.《煤矿安全规程》对串联通风有哪些规定？

6. 什么是工作面的上行风和下行风？

7. 采煤工作面的进、回风巷有几种布置形式？试分析其特点及适用条件。

8. 试述通风设施的种类及其作用。不同的通风设施有何具体要求？

9. 什么是矿井漏风？漏风有哪几种？漏风产生原因和危害是什么？如何防止矿井漏风？

10. 什么是矿井通风系统图？它包括哪些内容？

11. 什么是矿井通风网络图？如何绘制矿井通风网络图？

第六章 矿井风量调节

在矿井通风网络中，风量按照网络中各分支风阻的大小自然分配，而各作业地点的需风量按照作业地点作业人员数量、采掘工作面产量、瓦斯涌出量、温度、爆破时炸药用量、巷道风速等因素确定。自然分配的风量往往不能满足作业地点的风量需求，需要采取控制和调节风量的措施。另外，随着生产过程的发展和变化，工作面的推进和更替，巷道风阻、网络结构变化，以及瓦斯涌出异常等因素引起需风量变化，相应地要求及时进行风量调节。所以风量调节是矿井通风技术管理中的一项经常性的工作，它对矿井安全生产和节约通风费用都有重大的影响。

矿井风量调节的措施多种多样。按其调节的范围，可分为局部风量调节与矿井总风量调节。本章主要介绍各种调节方法的原理与特点。

第一节 局部风量调节

局部风量调节是指在采区内部各工作面间，采区之间或生产水平之间的风量调节。局部风量调节方法有增阻法、减阻法及辅助通风机调节法。

一、增阻调节法

增阻调节法是通过在巷道中安设调节风窗等设施，增大巷道的局部阻力，从而降低巷道处于同一分支中的风量，增大另一分支的风量。这是目前矿井使用最普遍的局部风量调节的方法。

增阻调节是一种耗能调节法。具体措施主要有：调节风窗、临时风帘、空气幕调节装置等。其中使用最多的是调节风窗，其制作和安装都较简单。

1. 风窗调节法

风窗结构如图 6-1 所示，在风门上方开一小窗，用可滑移的窗板来改变窗口的面积，从而改变巷道中的局部阻力。

如图 6-2 所示并联网络中，1、2 分支风路的风阻分别是 R_1、R_2，所需风量分别是 Q_1、Q_2。如果按需风量计算有并联风路风压关系：$R_1Q_1^2 < R_2Q_2^2$，即 $h_1 < h_2$。则在风压小的 1 分支安设风窗，增加局部阻力 $h_{窗}$，使得 1、2 分支风压相等，即

$$h_2 = h_1 + h_{窗}$$

或

$$R_2Q_2^2 = (R_1 + R_{窗})Q_1^2$$

则风窗的阻力为

$$h_{窗} = h_2 - h_1$$

风窗的风阻为

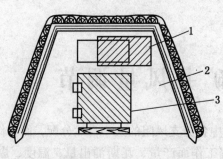

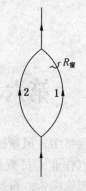

1—风窗；2—风墙；3—风门

图6-1　风窗结构　　　　　图6-2　并联网络

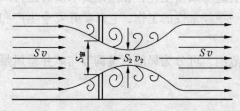

图6-3　调节风窗风流收缩状态

$$R_{窗} = \frac{h_{窗}}{Q_1^2} = \frac{h_2 - h_1}{Q_1^2}$$

2. 风窗面积的计算

由于风流经过调节风窗时产生局部阻力，风流经过风窗后风流断面收缩，如图6-3所示。

根据水力学和能量方程，当已知风窗的阻力或风阻时，可求出风窗的面积 $S_{窗}$。

当 $S_{窗}/S \leq 0.5$ 时，调节风窗面积的计算公式如下：

$$S_{窗} = \frac{QS}{0.65Q + 0.84S\sqrt{h_{窗}}} \tag{6-1}$$

或

$$S_{窗} = \frac{S}{0.65 + 0.84S\sqrt{R_{窗}}} \tag{6-2}$$

当 $S_{窗}/S > 0.5$ 时，调节风窗的面积的计算公式如下：

$$S_{窗} = \frac{QS}{Q + 0.759S\sqrt{h_{窗}}} \tag{6-3}$$

或

$$S_{窗} = \frac{S}{1 + 0.759S\sqrt{R_{窗}}} \tag{6-4}$$

式中　$S_{窗}$——调节风窗的面积，m^2；

S——巷道的净断面积，m^2；

Q——通过风窗的风量，m^3/s；

$h_{窗}$——调节风窗阻力，Pa；

$R_{窗}$——调节风窗的风阻，$N \cdot s^2/m^8$。

3. 增阻调节法的特点

增阻调节法具有简单、方便、易行、见效快等优点，适用于矿井通风阻力不大的分区风流中的风量调节。但增阻调节法会增加矿井总风阻，减少总风量，因此在主干风路中增阻调节必须考虑主通风机风量的变化，否则，会出现风量减少得多，不能满足需要的情况。调节风窗应设置在适宜地点，如在煤巷中布置时，要考虑由于风窗两侧压差引起煤体裂隙漏风而发生自燃的危险性。

4. 增阻调节法应注意的问题

使用调节风窗调节风量应注意如下问题：

（1）调节风窗应尽量安设在回风流中，以免妨碍运输，如果安设在运输巷道中时，尽可能选在运输量少的区段巷道中。

（2）在复杂通风网络中，注意调节风窗位置的选择，防止重复设置，增大通风阻力。

二、减阻调节法

减阻调节法是在巷道中采取降阻措施，降低巷道的通风阻力，从而增大与该巷道处于同一分支的风量，减小与其并联分支的风量。

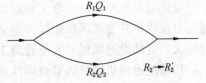

如图 6 – 4 所示的并联网络中，1、2 分支风路的风阻分别是 R_1、R_2，所需风量分别是 Q_1、Q_2。如果有并联风路风压关系：$R_1Q_1^2 < R_2Q_2^2$，即 $h_1 < h_2$。则在风压大的分支 2 风阻由 R_2 降至 R'_2，使得 1、2 分支风压相等，即

图 6 – 4　并联网络降阻调节法

$$h_1 = h'_2 = R'_2 Q_2^2$$

$$R'_2 = \frac{h_1}{Q_2^2}$$

减阻调节的措施主要有：扩大巷道断面、降低摩擦阻力系数、清除巷道中的堆放杂物、开掘并联巷道、缩短风流路线的总长度等。

减阻调节法与增阻调节法相反，可以降低矿井总风阻，并增加矿井总风量；但降阻措施的工程量和投资一般都较大，施工工期较长，所以一般在对矿井通风系统进行较大的改造时采用。

在矿井生产实际中，对于通过风量大，风阻也大的风硐、回风石门、总回风道等巷道，采取扩大断面、改变支护形式等减阻措施，往往效果明显。

三、辅助通风机调节法

如图 6 – 5 所示，辅助通风机调节法是在阻力大、风量不足的并联分支 2 采用辅助通风机克服一部分井巷通风阻力，从而增大该分支风量的调节方法。安装辅助通风机的方式有两种：有风墙的辅助通风机和无风墙的辅助通风机。

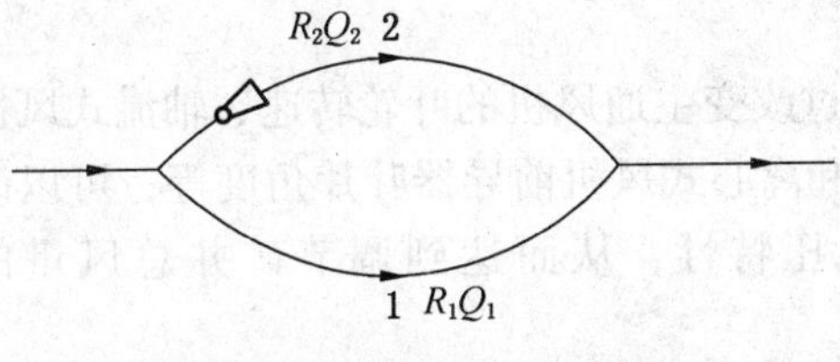

图 6 – 5　辅助通风机调节法

1. 有风墙的辅助通风机

如图 6 – 6 所示，为方便行人、运输，在原巷道侧掘一条绕道，安装辅助通风机。为使风流通过辅助通风机，在巷道内设带风门的风墙。风门向风压大的一侧开启，并要求两道风门之间距离大于通过一列车的长度。

2. 无风墙的辅助通风机

如图 6 – 7 所示，当调节所需克服的阻力较小时，将辅助通风机直接安设在巷道中，

利用辅助通风机出口的速度，增加巷道内通过的风量。

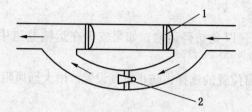

1—风门；2—辅助通风机

图6-6 辅助巷道安设辅助通风机

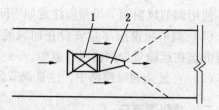

1—辅助通风机；2—引射器

图6-7 直接安设辅助通风机

辅助通风机调节法的施工相对比较方便，并可降低矿井总风阻，增加矿井总风量，同时可以减少矿井主通风机能耗。但采用辅助通风机调节时设备投资较大，辅助通风机的能耗较大，且辅助通风机的安全管理工作比较复杂，安全性较差。

用辅助通风机调节风量时须注意以下几点：

（1）若辅助通风机安设在回风流中，必须使辅助通风机电动机与回风流隔开，设法引入新鲜风流，使电动机在新鲜风流中运转，保证辅助通风机安全运转。

（2）当辅助通风机停止运转时，须立即打开风门，以便利用主要通风机通风。主要通风机一旦停转，必须立即停止辅助通风机的运转，且打开风门，以免发生循环风。开启辅助通风机时应检查附近20 m内瓦斯浓度，只有当瓦斯浓度不超限时，才能开启辅助通风机。

（3）安设辅助通风机的地点应选择在巷道围岩稳定、坚固处，避免发生漏风。

第二节 矿井总风量调节

当矿井（或一翼）总风量不足或过大时，需调节总风量，也就是调整主通风机的工况点。采取的措施是：改变主通风机的工作特性或改变矿井风网的总风阻。

一、改变主通风机工作特性调节法

矿井主通风机是矿井通风的主要动力源。通过改变主通风机的叶轮转速、轴流式风机叶片安装角度和离心式风机前导器叶片角度等，可以改变通风机的风压特性，从而达到调节矿井总风量的目的。

1. 改变主通风机转速

通风机的风量与转速成正比，改变主通风机的转速，能改变主通风机的特性曲线。如图6-8所示为某通风机 $h-Q$ 特性曲线，当通风机转速为 n 时，与矿井风阻特性曲线的交点为 M，通风机风量为 Q；若将通风机的转速调为 n_1，则通风机的风量减少为 Q_1；同理，通风机转速调到 n_2 时，通风机风量增大为 Q_2。

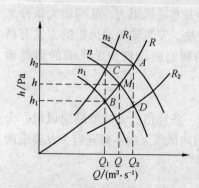

图6-8 改变主通风机转速调节风量

改变通风机转速的方法如下：

（1）改变减速器的传动比。对于离心式通风机，一般均采用改变减速器传动比的方法改变通风机的转速。

（2）调换不同转速的电动机。对于轴流式通风机，一般轴流式通风机与电动机之间采用直接传动，需要改变通风机转速时，只能通过更换不同转速的电动机来实现。

2. 改变轴流式通风机叶片安装角

轴流式通风机的叶片安装角不同，特性曲线也不同，改变叶片安装角，可以改变通风机特性曲线。如图6-9所示，当叶片安装角从 θ_1 调到 θ_2 时，则通风机风量由 Q_1 增加到 Q_2，风压也由 h_1 增加到 h_2。

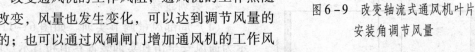

图6-9 改变轴流式通风机叶片
安装角调节风量

二、改变主通风机工作风阻调节法

改变通风机的工作风阻，通风机的工作点随之改变，风量也发生变化，可以达到调节风量的目的；也可以通过风硐闸门增加通风机的工作风阻，或通过改善风网结构等措施降低通风机的工作风阻。

1. 风硐闸门调节法

如果在风机风硐内安设调节闸门，通过改变闸门的开口大小可以改变主通风机的工作风阻，从而可调节主通风机的工作风量。

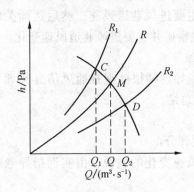

图6-10 改变通风机工作
风阻调节风量

对于离心式风机，当风量过大时，用风硐中的闸门增加风阻以降低风量。这是因为离心式风机的功率特性曲线随风量减小而降低。如图6-10所示，图中 R 为某矿井开采初期的总风阻，M 为风机工况点，Q 为风量。如果这时所需风量降低时，可利用风硐中的闸门，使总风阻增大为 R_1，风机工况点移至 C，风量减少为 Q_1。

对于轴流式风机，由于其功率特性曲线随风量减小而上升，不经济，而且调节范围不大，因此一般不用增加风阻的方法降低风量。

2. 降低矿井总风阻

当矿井总风量不足时，如果能降低矿井总风阻，则不仅可增大矿井总风量，而且可以降低矿井通风总阻力。如图6-10所示，当需要增大风量时，如果能使矿井总风阻由 R 降低为 R_2，风机工况点移到 D，风量就可增加到 Q_2。

矿井总风阻不仅与矿井最大阻力路线上的风阻有关，还与井巷所构成风网的结构有关。因此，降低矿井总风阻一方面应降低矿井最大阻力路线上各井巷的风阻，另一方面应改善风网结构，为此应合理安排采掘接替和用风地点配风，尽量缩短最大阻力路线的长度，避免在主要风路上安装调节风窗等。

技能训练

利用通风安全仿真实训装置进行局部风量调节及总风量调节实训

1. 实训目的

通过通风安全仿真实训装置中指定位置风门开合大小，定性观察并联的两个工作面巷道中风速的变化（观察模拟巷道内飘带变化），或开闭主要进回风巷道风门，观测巷道风速变化，加深理解局部风量增阻调节法和矿井总风量调节法。

2. 实训设备及仪器

现代化综合仿真通风安全实训装置。

3. 实训内容

（1）工作面之间风量调节实训；

（2）总风量调节实训。

4. 实训过程

（1）局部风量调节实训。如图6-11所示为通风安全仿真实训装置巷道布置示意图，打开风机，观察并联的两个工作面进风巷道风速（通过飘带观察），逐渐关闭风门1，再观察两个工作面进风巷道风速变化。

（2）矿井总风量调节实训。打开风机，观察矿井主要进风巷道风速，然后逐渐关闭风门2，观察矿井主要进风巷道风速变化。

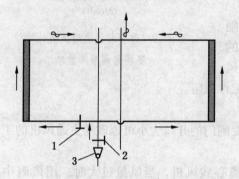

1、2—仿真实训装置1、2风门；3—仿真装置风机

图6-11　通风安全仿真实训装置
巷道布置示意图

5. 总结分析

实训指导老师根据观察通风仿真实训装置中巷道内风速变化及矿井总风量调节时风速变化分析总结。

6. 实训考核

（1）根据学生在实训过程中的表现和实训成果分项评分。

（2）根据实训过程学生动手操作实训装置能力及风速变化的叙说，由实训指导老师考核学生综合成绩。

复习思考题

1. 根据调节范围矿井风量调节分为哪两种？什么叫局部风量调节？什么叫矿井总风量调节？

2. 局部风量调节有哪几种方法？各有什么特点？各适用于什么条件？

3. 什么叫增阻调节法？什么叫降阻调节法？

4. 矿井总风量调节的方法有哪几种？各有什么特点？

第七章 掘 进 通 风

在新建、扩建或生产矿井中，都需要开掘大量的井巷工程，以便准备开拓系统、新采区及新工作面。在掘进巷道时，为了稀释并排出掘进工作面涌出的有害气体及爆破后产生的炮烟和矿尘，创造良好的气候条件，保证人员的健康和安全，必须不断地对掘进工作面进行通风，这种通风称为掘进通风或局部通风。

第一节 掘 进 通 风 方 法

掘进通风方法按通风动力形式不同分为局部通风机通风、矿井全风压通风和引射器通风 3 种。

一、局部通风机通风

局部通风机是井下局部地点通风所用的通风设备。局部通风机通风是利用局部通风机作动力，利用风筒导风把新鲜风流送入掘进工作面。局部通风机通风按其工作方式不同分为压入式、抽出式和混合式通风 3 种。

1. 压入式通风

压入式通风如图 7 - 1 所示。局部通风机和启动装置安设在离掘进巷道口 10 m 以外的进风侧巷道中。局部通风机把新鲜风流经风筒送入掘进工作面，污风沿掘进巷道排出。风流从风筒出口形成的射流属末端封闭的有限贴壁射流，如图 7 - 2 所示。气流贴着巷道壁射出风筒后，由于吸卷作用，射流断面逐渐扩大，直至射流的断面达到最大值，此段称作扩张段，用 $L_{扩}$ 表示；然后，射流断面逐渐缩小，直至为零，此段称为收缩段，用 $L_{收}$ 表示。风筒出口至射流反向的最远距离称为射流的有效射程，用 $L_{射}$ 表示。一般有

$$L_{射} = (4 \sim 5)\sqrt{S} \tag{7-1}$$

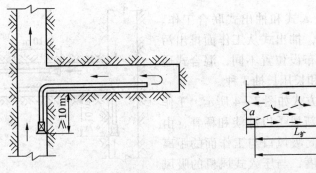

图 7 - 1　压入式通风

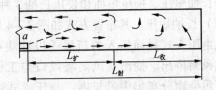

图 7 - 2　有效贴壁射流

式中 S——巷道断面积，m^2。

在有效射程以外的独头巷道会出现循环涡流区，为了有效地排出炮烟，风筒出口与工作面的距离应小于有效射程 $L_{射}$。

压入式通风的优点：局部通风机和启动装置都位于新鲜风流中，不易引起瓦斯和煤尘爆炸，安全性好；风筒出口风流的有效射程长，排烟能力强，工作面通风时间短；对风筒适应性强，既可用硬质风筒，又可用柔性风筒。缺点：污风沿巷道排出，污染范围大，炮烟从掘进巷道排出的速度慢，需要的通风时间长。压入式局部通风适用于以排出瓦斯为主的煤巷、半煤岩巷掘进通风。《煤矿安全规程》规定：煤巷、半煤岩巷和有瓦斯涌出的岩巷掘进采用局部通风机通风时，应当采用压入式，不得采用抽出式（压气、水力引射器不受此限）；如果采用混合式，必须制定安全措施。瓦斯喷出区域和突出煤层采用局部通风机通风时，必须采用压入式。

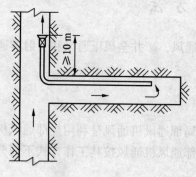

图 7 - 3   抽出式通风

2. 抽出式通风

抽出式通风如图 7 - 3 所示。局部通风机安装在离掘进巷道口 10 m 以外的回风侧巷道中，新鲜风流沿掘进巷道流入工作面，污风经风筒由局部通风机抽出。

抽出式通风在风筒吸入口附近形成一股流入风筒的风流，离风筒口越远风速越小，所以，只在距风筒口一定距离以内有吸入炮烟的作用，此段距离称为有效吸程，用 $L_{吸}$ 表示，一般情况下：

$$L_{吸} = 1.5\sqrt{S} \qquad (7 - 2)$$

式中 S——巷道断面积，m^2。

在有效吸程以外的独头巷道循环涡流区，炮烟处于停滞状态。因此，抽出式通风风筒吸入口距工作面的距离应小于有效吸程 $L_{吸}$ 才能取得好的通风效果。

抽出式通风的优点：污风经风筒排出，掘进巷道中为新鲜风流，劳动卫生条件好；爆破时人员只需撤到安全距离即可，无须撤离整个掘进巷道，往返时间短；而且所需排烟的巷道长度为工作面至风筒吸入口的长度，故排烟时间短，有利于提高掘进速度。缺点：风筒吸入口的有效吸程短，风筒吸风口距工作面距离远则通风效果不好，过近则爆破时易崩坏风筒；因污风由局部通风机抽出，一旦局部通风机产生火花，将有引起瓦斯、煤尘爆炸的危险，安全性差。因此，在瓦斯矿井一般不使用抽出式通风。

3. 混合式通风

混合式通风同时采用压入式和抽出式联合工作。其中压入式向工作面供新风，抽出式从工作面排出污风。按局部通风机和风筒的布设位置不同，混合式通风分为长抽短压、长压短抽和长压长抽 3 种。

（1）长抽短压。其布置方式如图 7 - 4 所示。工作面污风由压入式风筒压入的新风予以冲淡和稀释，由抽出式风筒排出。抽出式风筒吸风口与工作面的距离应小于污染物分布集中带长度，与压入式风机的吸风口距离大于 10 m 以上；为了保证风筒重叠段巷道内

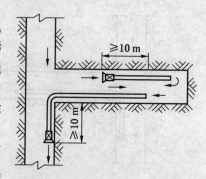

图 7 - 4   长抽短压通风方式

进入新鲜风流，抽出式风机的风量应大于压入式风机的风量；压入式风筒的出口与工作面间的距离应在有效射程之内。若采用长抽短压通风时，其中抽出式风筒须用刚性风筒或带刚性骨架的可伸缩风筒。

（2）长压短抽。其布置方式如图7-5所示。新鲜风流经压入式风筒送入工作面，工作面污风经抽出式通风除尘系统净化，被净化的风流沿巷道排出。抽出式风筒吸风口与工作面距离应小于有效吸程，对于综合机械化掘进，应尽可能靠近最大产尘点。压入式风筒出风口应超前抽出式风筒出风口10 m以上，它与工作面的距离应不超过有效射程。压入式通风机的风量应大于抽出式通风机的风量。

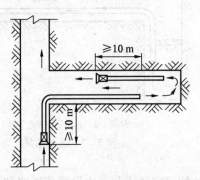

图7-5　长压短抽通风方式

（3）长压长抽。其布置方式同抽出式和压入式布置一样，由2台局部通风机同时布置，1台作抽出式，1台作压入式。

混合式通风兼有抽出式与压入式通风的优点，通风效果好。缺点是增加了一套通风设备，电能消耗大，管理也比较复杂；降低了压入式与抽出式两列风筒重叠段巷道内的风量。混合式通风适用于大断面、长距离掘进巷道中。煤巷、半煤岩巷的掘进如采用混合式通风时，必须制订安全措施。但在瓦斯喷出区域或煤（岩）与瓦斯突出煤层、岩层中，掘进通风方式不得采用混合式。

二、矿井全风压通风

矿井全风压通风直接利用矿井主通风机所造成的风压对掘进工作面进行通风。其借助风障和风筒等导风设施将新风引入工作面，并将污风排出掘进巷道。矿井全风压通风有：利用纵向风障导风、利用风筒导风、利用平行巷道通风、钻孔导风4种形式。

1. 利用纵向风障导风

如图7-6所示，在掘进巷道中安设纵向风障，将巷道分隔成两部分，一侧进风，一侧回风。选择风障材料的原则应是漏风小、经久耐用、便于取材。短巷道掘进时可用木板、帆布等材料，长巷道掘进时用砖、石和混凝土等材料。在矿井主要通风机正常运转，并有足够的全风压克服导风设施的阻力，全风压能连续供给掘进工作面风量，无须附加局

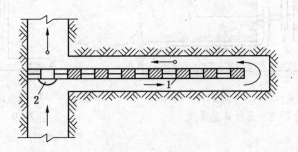

1—风障；2—调节风门

图7-6　风障导风

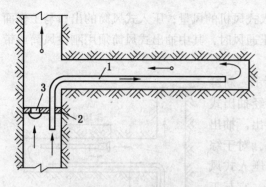

1—风筒；2—风墙；3—调节风门

图 7-7　风筒导风

部通风机，管理方便，但其工程量大，有碍于运输。纵向风障在矿山压力作用下将变形破坏，容易产生漏风。所以，该方法只适用在地质构造稳定、矿山压力较小、长度较短，瓦斯涌出量大，使用通风设备不安全或技术上不可行的局部地点大断面巷道掘进中。

2. 利用风筒导风

如图 7-7 所示。利用风筒将新鲜风流导入工作面，工作面污风由掘进巷道排出。为了使新鲜风流进入导风筒，应在风筒入口处的贯穿风流巷道中设置挡风墙和调节风门。利用风筒导风法辅助工程量小，风筒安装、拆卸比较方便。通常适用于需风量不大的短巷掘进通风中。

3. 利用平行巷道通风

如图 7-8 所示。当掘进巷道较长，利用纵向风障和风筒导风有困难时，可采用两条平行巷道通风。采用双巷掘进，在掘进主巷的同时，距主巷 10~20 m 平行掘一条副巷（或配风巷），主副巷之间每隔一定距离开掘一个联络眼，前一个联络眼贯通后，封闭后一个联络眼。利用主巷进风，副巷回风，两条巷道的独头部分，可利用风筒或风障导风。

利用平行巷道通风，可以缩短独头巷道的长度，不用局部通风机就可保证较长巷道的通风，连续可靠，安全性好。因此，平行巷道通风适用于有瓦斯、冒顶和透水危险的长巷掘进，特别适用于在开拓布置上为满足运输、通风和行人需要而必须掘进两条并列的斜巷、平巷或上下山的掘进中。

4. 钻孔导风

如图 7-9 所示。离地表或邻近水平较近处掘进长巷反眼或上山时，可用钻孔提前沟通掘进巷道，以便形成贯穿风流。为克服钻孔阻力，增大风量，可利用大直径钻孔或在钻孔口安装风机。

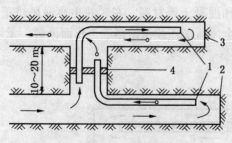

1—风筒；2—主巷；3—副巷；4—挡风墙

图 7-8　平行巷道通风

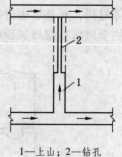

1—上山；2—钻孔

图 7-9　钻孔导风

三、引射器通风

利用引射器产生的通风负压，通过风筒导风的通风方法称为引射器通风。引射器通风一般采用压入式，其布置方式如图7-10所示。利用引射器通风的主要优点是无电气设备、无噪声。水力引射器通风还能起降温、降尘作用。在煤与瓦斯突出严重的煤层掘进时，用它代替局部通风机通风，设备简单，比较安全。但其缺点是供风量小，需要水源或压气。因此适用于需风量不大的短巷道掘进通风。在含尘量大、气温高的采掘机械附近，应采取水力引射器与其他通风方法联合使用，形成混合式通风。

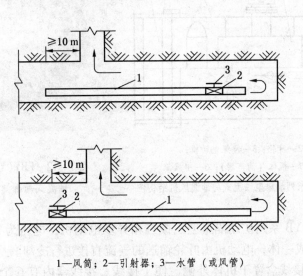

1—风筒；2—引射器；3—水管（或风管）

图7-10 引射器通风

第二节 局部通风设备

局部通风设备有局部通风动力设备、风筒及附属装置。

一、局部通风机

井下局部地点通风所用的通风机称为局部通风机。掘进工作要求通风机体积小、风压高、效率高、噪声低、性能可调、坚固防爆。

1. 局部通风机的种类和性能

煤矿常用局部通风种类较多，有 FBY（YBT）系列轴流式局部通风机、FBD 系列矿用隔爆压入式对旋轴流局部通风机、FBS 系列矿用防爆压入式双级轴流局部通风机、FBCD 系列矿用防爆抽出式对旋轴流局部通风机、FBC 系列矿用隔爆抽出式轴流局部通风机、智能型局部通风机等。本节介绍 FBY（YBT）系列、FBD 系列及 FBCD 系列局部通风机。

1）FBY（YBT）系列矿用隔爆型轴流式局部通风机

FBY（YBT、YBT-X）系列矿用隔爆型轴流式局部通风机主要用在含有瓦斯或煤尘爆炸性危险的煤矿井下，作压入式局部通风使用。结构及其特点：

（1）该系列风机结构形式为矿用隔爆轴流式，如图7-11所示，外形如图7-12所示。机体及结构件均采用钢板焊接而成；采用电机与叶轮直接连接方式，传动可靠；整机结构简单紧凑，坚固耐用，使用安全，维修方便。

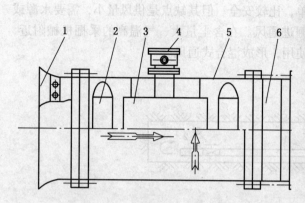

1—集线器；2—叶轮；3—隔爆电动机；
4—防爆接线盒；5—机体（消声器）；6—出风筒

图 7-11　FBY(YBT)系列隔爆型轴流式局部通风机结构图

图 7-12　FBY(YBT)系列隔爆型
轴流式局部通风机外形图

（2）电动机为 YB 系列矿用隔爆型二极三相异步电动机，电压为 380 V/660 V，电动机的机座与机体焊成一体，电动机由叶轮输送的气流直接进行冷却。

（3）电动机的接线盒置于机体外侧，便于接线。接线盒内有 6 个接线端子和一个接地端子，用户根据电源电压要求选择接线方式；当电源电压为 380 V 时，采用"△"接法，当电源电压为 660 V 时，采用"Y"接法，风机出厂时电动机均按"△"接线，如图 7-13 所示。

图 7-13　FBY(YBT)系列隔爆型轴流式局部通风机接线方式

（4）风机机体的法兰上焊有接地螺栓，供现场直接接地使用。

（5）在消声器的凸缘法兰上，钻有均匀分布的小孔，用于连接变径短节或直接连接胶质风筒。用变径短节连接风机与胶质风筒时，变径短节的型式可制成收敛型或扩散型。

型号主要有：一级电机，YBT-2.2、YBT-5.5、YBT-7.5、YBT-11、YBT-18.5、YBT-22、YBT-30；二级电机，YBT-32-2、YBT-42-2、YBT-52-2、YBT-62-2。该系列局部通风机部分型号参数见表 7-1。

2）FBD 系列矿用隔爆型压入式对旋轴流局部通风机

FBD 系列矿用隔爆压入式轴流局部通风机具有风压高、送风距离长、高效节能和噪声低等特点，风机由两台隔爆三相异步电动机直接驱动叶轮，风机设有前后消声器。其适用于含有瓦斯、煤尘的煤矿井下环境局部地点压入式供风。结构及特点：

表7-1 FBY(YBT)系列矿用隔爆型轴流式局部通风机性能参数表

型 号	额定功率/kW	额定电压/V	转速/(r·min⁻¹)	风量/(m³·min⁻¹)	全风压/Pa	最高全压效率/%	噪声 dB/A	叶轮级数	叶轮直径/mm
FBY№3.15/2.2(Ⅱ)	2.2	380	2840	55～101	960～380	80	≤30	2	300
FBY№4.0/4(Ⅱ)	4	380/660	2890	85～164	1390～880	80	≤30	2	400
FBY№4.0/5.5(Ⅱ)	5.5	380/660	2900	90～180	1700～800	81.5	≤30	2	400
FBY№5.0/5.5(Ⅱ)	5.5	380/660	2900	110～205	1650～400	86	≤25	1	500
FBY№5.0/11(Ⅱ)	11	380/660	2930	130～240	2250～800	80	≤25	2	500
FBY№5.6/18.5(Ⅱ)	18.5	380/660	2930	195～300	2400～520	80	≤25	2	560
FBY№5.6/22(Ⅱ)	22	380/660	2940	240～370	3200～680	80	≤25	2	560
FBY№6.0/28(Ⅱ)	28	380/660	2950	250～390	3200～700	80	≤25	2	600
FBY№6.0/30(Ⅱ)	30	380/660	2950	250～425	3500～800	80	≤25	2	600

（1）该系列风机结构如图7-14所示。通风机除电动机以外均采用钢板焊接而成，电动机与叶轮直接连接，结构紧凑合理、坚固耐用、使用安全、安装调试、维修方便。

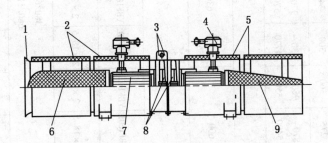

1—集流器；2—进口消声器；3—风机；4—接线盒；5—出口消声器；

6—倒流帽；7—隔爆异步电动机；8—叶轮组；9—扩压器

图7-14 FBD系列矿用隔爆型压入式对旋轴流局部通风机结构图

（2）电动机为YB系列矿用隔爆型二极三相异步电动机，电压为380 V/660 V。电动机的机座与机体焊成一体，电动机由叶轮输送的气流直接进行冷却。

（3）电动机接线盒内有接线端子，用户可根据电源电压要求选择接线方式；当电源电压等级为380 V/660 V，采用"△"接法，当电压等级为660 V/1140 V时，采用"Y"接法，风机出厂时电动机均按"△"接线，如图7-15所示。

（4）风机机体的支撑脚上配有接地螺栓，供现场直接接地使用。

（5）在出风筒的凸缘法兰上，钻有均匀分布的小孔，用于连接变径短节或直接连接胶质风筒。

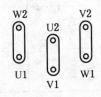

380 V "△" 接法
（660 V "△" 接法）

660 V "Y" 接法
（1140 V "Y" 接法）

图7-15 FBD系列矿用隔爆型压入式对旋轴流局部通风机接线

表 7-2　FBD 系列隔爆压入式对旋轴流式局部通风机性能参数表

	型号	FBDNo5.0/2×5.5	FBDNo5.0/2×7.5	FBDNo5.6/2×11	FBDNo5.6/2×15	FBDNo6.0/2×15	FBDNo6.0/2×18.5	FBDNo6.0/2×22	FBDNo6.0/2×18.5	FBDNo6.3/2×22	FBDNo6.3/2×30	FBDNo7.1/2×30	FBDNo7.1/2×37	FBDNo8.0/2×45	FBDNo8.0/2×55	FBDNo8.0/2×75	FBDNo9.0/2×30	FBDNo10/2×37
风机	风量/(m³·min⁻¹)	240~145	300~170	390~250	435~260	469~256	475~275	490~360	480~300	510~345	650~385	690~395	730~400	925~550	935~635	1165~770	1200~510	1400~580
	风压/Pa	400~3200	550~3620	800~4050	900~5060	785~4700	870~5400	960~5500	830~4770	970~5700	1060~6000	1053~6070	1080~6860	1860~8045	2135~8600	2240~9800	830~3220	850~3500
	噪声/dB	≤30									≤25							
	叶轮直径/mm	500		560		600				630		710		800			900	1000
	最高全压效率/%	≥80									≥85							
电动机	型号	YBF132S1	YBF132S2	YBF160M1	YBF160M2	YBF160M2	YBF160L	YBF180M	YBF160L	YBF180M	YBF200L1	YBF200L1	YBF200L2	YBF225M	YBF250M	YBF280S	YBF200L	YBF225S
	额定功率/kW	2×5.5	2×7.5	2×11	2×15	2×15	2×18.5	2×22	2×18.5	2×22	2×30	2×30	2×37	2×45	2×55	2×75	2×30	2×37
	额定电压/V	380/660　660/1140																
	额定转速/(r·min⁻¹)	2900	2900	2930	2930	2930	2930	2940	2930	2940	2950	2950	2950	2970	2970	2970	1470	1485
	额定效率/%	86	87	88.4	89.4	89.4	90	90.5	90	90.5	91.4	91.4	92	92.5	93	93.6	92	92.5

用变径短节连接风机与胶质风筒时，变径短节的型式可制成收敛型或扩散型。

（6）该通风机设有支撑脚和吊装孔，既可以在巷道中悬挂使用，也可以直接安装在巷道顶板上使用。

（7）该通风机气动参数合理，随着风压的不断增大，风量变小，个体特性曲线较陡，无"驼峰区"存在，能满足风筒阻力变化大而风量保持稳定的优点。该局部通风机个体特性曲线如图 7-16 所示。从曲线还可以看出，当负载增加（风筒接到一定长度），局部通风机功率缓慢下降，确保负载增加，而不至于电动机过载，有很强的过载保护能力。该风机基本性能参数见表 7-2。

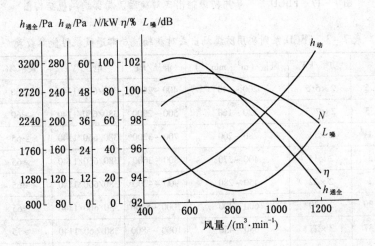

$h_{通全}$—局部通风机全压；$h_{动}$—局部通风机出口动压；N—局部通风机功率；
η—局部通风机效率；$L_{噪}$—局部通风机噪声

图 7-16 FBDNo6.3/2×30 压入对旋轴流局部通风机个体特性

3）FBCD 系列矿用防爆抽出式对旋轴流局部通风机

FBCD 系列矿用防爆抽出式对旋轴流局部通风机具有结构紧凑、大流量、高风压、高效节能和噪声低等特点，根据不同通风要求，既可以整机使用，也可以分级使用。其适用于在煤矿井下含有爆炸性物质环境下作抽出式局部通风，可以抽排井下局部瓦斯积聚或与除尘装备联合使用排出工作面粉尘。结构及特点：

（1）该抽出式局部通风机结构如图 7-17 所示。通风机外壳及结构件用钢板焊接而成，内衬消声材料，电动机密封在风道内，与风道的污风隔开，叶轮采用特殊材料制作，防静电、防摩擦火花，具有防爆性能，可用于井下。该通风机结构紧凑、使用安全、维修方便。

（2）该抽出式局部通风机采用专用电动机，轴承采用进口轴承（日本 NSK），专用电动机散热腔能保证电动机散热良好，且电动机始终运行在新鲜风流中，保证安全运转。

（3）电动机接线盒内有接线端子，用户可根据电源电压要求选择接线方式；当电源电压等级为 380 V/660 V，采用"△"接法，当电压等级为 660 V/1140 V 时，采用"Y"接法，风机出厂时电动机均按"△"接线，接线法与图 7-15 所示相同。

FBCD 系列矿用防爆抽出式对旋轴流局部通风机性能参数见表 7-3。

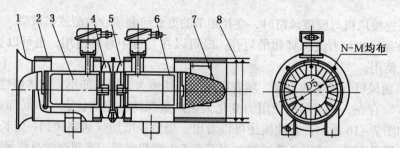

1—集风器；2—前机壳；3—Ⅰ级电动机；4—Ⅰ级叶轮；5—Ⅱ级叶轮；
6—Ⅱ级电动机；7—扩散筒；8—风筒接头

图7-17　FBCD系列矿用防爆抽出式对旋轴流局部通风机结构图

表7-3　FBCD系列矿用防爆抽出式对旋轴流局部通风机性能参数表

型　号	功率/kW	风量/(m³·min⁻¹)	静压/Pa	电压/V	效率/%	噪声 dB/A
FBCDN₀5/2×5.5	2×5.5	200~140	400~2600	380/660/1140	≥60	≤25
FBCDN₀5/2×7.5	2×7.5	220~160	500~2900	380/660/1140	≥60	≤25
FBCDN₀5.6/2×11	2×11	280~200	700~3200	380/660/1140	≥65	≤25
FBCDN₀6/2×15	2×15	400~270	800~3600	380/660/1140	≥65	≤25
FBCDN₀6/2×22	2×22	450~280	900~4200	380/660/1140	≥65	≤25
FBCDN₀6.7/2×30	2×30	600~400	1000~5200	380/660/1140	≥65	≤25
FBCDN₀6.7/2×37	2×37	680~450	1000~5800	380/660/1140	≥75	≤25
FBCDN₀7.5/2×45	2×45	800~430	1200~6200	380/660/1140	≥75	≤25

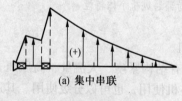

(a) 集中串联

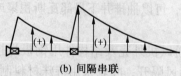

(b) 间隔串联

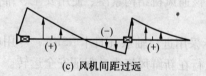

(c) 风机间距过远

图7-18　局部通风机串联布置

2. 局部通风机联合工作

《煤矿安全规程》规定：严禁使用3台及以上局部通风机同时向1个掘进工作面供风。不得使用1台局部通风机同时向2个及以上作业的掘进工作面供风。

1）局部通风机串联

当在通风距离长、风筒阻力大，一台局部通风机风压不能保证掘进需风量时，可采用两台或多台局部通风机串联工作。串联方式有集中串联和间隔串联。若两台局部通风机之间仅用较短（1~2 m）的铁质风筒连接称为集中串联，如图7-18a所示；若局部通风机分别布置在风筒的端部和中部，则称为间隔串联，如图7-18b所示。

局部通风机串联的布置方式不同，沿风筒的压力分布不同。集中串联的风筒全长均应处于正压状态，以防柔性风筒抽瘪；但靠近风机侧的风筒承压较高，柔性风筒容易胀裂，且漏风较大。间隔串联的风筒承压较低，漏风较少；但两台局部通风机相距过远时，其连接风筒可能出现负压段，如图 7 - 18c 所示，使柔性风筒抽瘪而不能正常通风。

2）局部通风机并联

当风筒风阻不大，用一台局部通风机供风不足时，可采用两台局部通风机或双风机双风筒集中并联工作，向掘进工作面供风。

二、风筒

1. 风筒的类型

掘进通风使用的风筒分硬质风筒和柔性风筒两类。

1）硬质风筒

常用的硬质风筒有铁风筒、玻璃钢风筒、双金属高分子树脂复合硬质风筒。

煤矿早期硬质风筒一般由厚 2 ~ 3 mm 的铁板卷制而成。铁风筒的优点是坚固耐用，使用时间长，各种通风方式均可使用。缺点是成本高，易腐蚀，笨重，拆、装、运不方便，在弯曲巷道中使用困难。铁风筒在煤矿中使用日渐减少。

玻璃钢风筒，其优点是比铁风筒轻便（重量仅为钢材的 1/4）、抗酸、碱腐蚀性强，摩擦阻力系数小，但成本比铁风筒高。

随着煤矿巷道和采掘工艺的进步，对风筒的要求越来越高，出现了一种高安全性、高效节能、操作方便快捷的新型风筒，即双金属高分子树脂复合硬质风筒。双金属高分子树脂复合硬质风筒的特点：①高强度，双金属高分子树脂复合硬质风筒为双层钢板与高分子树脂复合而成，1 mm 的双金属高分子树脂复合硬质风筒的刚性强度相当于 0.92 mm 的钢板、2.6 mm 的 FRP 板的强度；②优秀的耐冲击性，双金属高分子树脂复合硬质风筒的芯材为阻燃高分子树脂，其具有冲击吸收性，产生凹陷也不会开裂，即使在 - 40 ℃ 的低温区域也有较高的耐冲击性；③降噪效果明显，双金属高分子树脂复合硬质风筒芯材为弹性高分子树脂，具有优秀的吸引降噪性能并可降低振动的性能，能降低风筒的噪声；④有防水性能，双金属高分子树脂复合硬质风筒覆膜致密均匀，有良好的防水性能；⑤防火性能，双金属高分子树脂复合硬质风筒覆膜为阻燃材料，致密均匀，有良好的防火性能；⑥防静电性能，双金属高分子树脂复合硬质风筒外表面是双层钢板，可防止静电聚集，有良好的防静电性能；⑦空气阻力小，双金属高分子树脂复合硬质风筒内表面光滑，连接部件对接风阻小；⑧运行成本低，因空气阻力小，所以送风抽风的投资和全天运转的运行成本减少；⑨现场作业方便快捷，因使用特殊连接，不需专业技术人员，任何人均可快速组装、解体；可现场组装，可平摊运送、保管，大幅节约运送和储存空间；⑩可重复使用，双金属高分子树脂复合硬质风筒非常结实、不会生锈、特殊连接，可重复使用。双金属高分子树脂复合硬质风筒规格尺寸可任意调节，可与现有软质风筒完全一致。

2）柔性风筒

目前煤矿井下使用的柔性风筒主要有塑料覆布风筒、橡胶覆布风筒和橡塑覆布风筒等，根据通风方式要求有正压风筒和负压风筒，负压风筒以热合坯加碳素螺旋弹簧钢丝为材料，防止风筒破负压抽瘪。正压风筒主要用于煤矿、隧道、井下局部通风机进行正压通风时，负压风筒主要用于煤矿井下通风除尘和排放瓦斯时。

柔性风筒的优点是轻便，拆装搬运容易，接头少；缺点是强度低，易损坏，使用时间短。表 7 - 4 为 MT164 - 2007 型塑料覆布正压风筒规格参数表。

表7-4　MT164-2007型塑料覆布正压风筒规格参数表

风筒直径/mm	风筒节长/m	风筒反边长度/mm	百米风阻/（N·s²·m⁻⁸）	百米漏风率/%
300	5	150~200		
400	5	150~200		
500	5	150~200		
600	5	150~200	54	<5
800	10	150~200		
1000	20	150~200		
1200	20	150~200		
1500	20	150~200		
2000	20	150~200		

2. 风筒的阻力

计算公式见式（3-9）。

同直径风筒的摩擦阻力系数 α 值可视为常数，金属风筒的 α 值可按表7-5选取，玻璃钢风筒的 α 值可按表7-6选取。

表7-5　金属风筒摩擦阻力系数

风筒直径/mm	200	300	400	500	600	800
$\alpha \times 10^4/（N·s²·m⁻⁴）$	49	44.1	39.2	34.3	29.4	24.5

表7-6　玻璃钢风筒摩擦阻力系数

风筒型号	JZK-800-42	JZK-800-50	JZK-700-36
$\alpha \times 10^4/（N·s²·m⁻⁴）$	19.6~21.6	19.6~21.6	19.6~21.6

柔性风筒和带钢骨架的柔性风筒的摩擦阻力系数与其壁面承受的风压有关。在实际应用中，整列风筒风阻除与长度和接头等有关外，还与风筒的吊挂维护等管理质量密切相关，一般根据实测风筒百米风阻作为衡量风筒管理质量和设计的数据。当缺少实测资料时，塑料覆布风筒的摩擦阻力系数 α 值与百米风阻 R_{100} 可参用表7-7所列数据。

表7-7　塑料覆布风筒的摩擦阻力系数与百米风阻值

风筒直径/mm	300	400	500	600	700	800	900	1000
$\alpha \times 10^4/（N·s²·m⁻⁴）$	53	49	45	41	38	32	30	29
$R_{100}/（N·s²·m⁻⁸）$	412	314	94	34	14.7	6.5	3.3	2.0

3. 风筒的漏风

正常情况下，金属和玻璃钢风筒的漏风主要发生在接头处，柔性风筒不但在接头而且全长的壁面和缝合针眼都有漏风，所以风筒漏风属于连续的漏风。漏风使局部通风机风量

与风筒出口风量不等。因此，应用始末端风量的几何平均值作为风筒的风量 Q，即

$$Q = \sqrt{Q_{通} \cdot Q_{出}} \tag{7-3}$$

式中　$Q_{出}$——风筒出口风量，m^3/min；

　　　$Q_{通}$——通风机风量，m^3/min。

显然 $Q_{通}$ 与 $Q_{出}$ 之差就是风筒的漏风量 $Q_{漏}$，它与风筒种类、接头的数目、接头方法和质量以及风筒直径、风压等有关，但更主要的是与风筒的维护和管理密切相关。反映风筒漏风程度的指标参数如下：

1）漏风率

风筒漏风量占局部通风机工作风量的百分数称为风筒漏风率 $\eta_{漏}$。

$$\eta_{漏} = \frac{Q_{漏}}{Q_{通}} \times 100\% = \frac{Q_{通} - Q_{出}}{Q_{通}} \times 100\% \tag{7-4}$$

$\eta_{漏}$ 虽能反映风筒的漏风情况，但不能作为对比指标，故常用百米漏风率 $\eta_{漏100}$ 表示：

$$\eta_{漏100} = \eta_{漏}/L \times 100 \tag{7-5}$$

式中　L——风筒全长，m。

一般要求柔性风筒的百米漏风率达到表7-8的数值。

表7-8　柔性风筒的百米漏风率

通风距离/m	<200	200~500	500~1000	1000~2000	>2000
$\eta_{漏100}$/%	<15	<10	<3	<2	<1.5

2）有效风量率

掘进工作面风量占局部通风机工作风量的百分数称为有效风量率 $p_{效}$。

$$p_{效} = \frac{Q_{出}}{Q_{通}}100\% = \frac{Q_{通} - Q_{漏}}{Q_{通}} \times 100\% = (1 - \eta_{漏}) \times 100\% \tag{7-6}$$

3）漏风系数

风筒有效风量率的倒数称为风筒漏风系数 $p_{漏}$。

$$p_{漏} = \frac{1}{p_{效}} \tag{7-7}$$

三、掘进工作面风量计算

掘进工作面需风量应满足《煤矿安全规程》对作业地点有害气体、含尘量、气温、风速等规定要求，按下列因素分别计算，并取最大值。

1. 排出炮烟所需风量

1）压入式通风

采用压入式通风，当风筒出口到工作面的距离 $L_{压} \leq L_{射} = (4 \sim 5)\sqrt{S}$ 时，工作面所需风量或风筒出口的风量 $Q_{需}$ 应为

$$Q_{需} = \frac{0.465}{t}\left(\frac{AbS^2L^2}{P_{漏}^2 \, C_{碳}}\right)^{1/3} \tag{7-8}$$

式中　t——通风时间，一般取 $20 \sim 30\ min$；

A——同时爆破炸药量，kg；

b——每千克炸药产生的 CO 当量，煤巷爆破取 100 L/kg，岩巷爆破取 40 L/kg；

S——巷道断面积，m^2；

L——巷道通风长度，m；

$P_漏$——风筒始、末风量之比，即漏风系数；

$C_碳$——一氧化碳浓度的允许值，$C_碳 = 0.02\%$。

2）抽出式通风

采用抽出式通风，当风筒末端至工作面的距离 $L_抽 \leqslant L_吸 = 1.5\sqrt{S}$ 时，工作面所需风量或风筒入口风量 $Q_需$ 应为

$$Q_需 = \frac{0.254}{t}\sqrt{\frac{AbSL_抛}{C_碳}}$$

$$L_抛 = 15 + A/5 \tag{7-9}$$

式中　$L_抛$——炮烟抛掷长度，m。

3）混合式通风

采用长抽短压混合式布置时，为防止循环风和维持风筒重叠段巷道具有最低的排尘或稀释瓦斯风速，抽出式风筒的吸风量 $Q_入$ 应大于压入式风筒出口风量 $Q_出$，即

$$Q_入 = (1.2 \sim 1.25)Q_出$$

或　　　　　　　　　$$Q_入 = Q_出 + 60VS \tag{7-10}$$

式中　V——最低排尘风速 0.15 ~ 0.25 m/s，瓦斯释放最低 0.5 m/s 风速；

S——风筒重叠段的巷道断面积，m^2。

上式中压入式风筒出口风量 $Q_出$ 可按式（7-11）计算。式（7-8）中 L 改为抽出式风筒吸风口到工作面的距离 $L_距$，并且因压入式风筒较短，式中 $P_漏 \approx 1$，故

$$Q_出 = \frac{0.465}{t}\left(\frac{AbS^2L_距^2}{C_碳}\right)^{1/3} \tag{7-11}$$

2. 排除瓦斯所需风量

在有瓦斯涌出的巷道掘进工作面内，其所需风量应保证掘进工作面及掘进巷道内瓦斯浓度不超限，其值可按下式计算：

$$Q_需 = \frac{100K_瓦 Q_瓦}{C_瓦 - C_进} \tag{7-12}$$

式中　$Q_需$——排出瓦斯所需风量，m^3/min；

$Q_瓦$——巷道瓦斯绝对涌出总量，m^3/min；

$C_瓦$——最高允许瓦斯浓度，%；

$C_进$——进风流中的瓦斯浓度，%；

$K_瓦$——瓦斯涌出不均匀系数，取 1.5 ~ 2.0。

3. 排出矿尘所需风量

风流的排尘风量可按下式计算：

$$Q_尘 = \frac{G}{G_高 - G_基} \tag{7-13}$$

式中　$Q_尘$——排尘所需风量，m^3/min；

G——掘进巷道的产尘量，mg/min；

$G_{高}$——最高允许含尘量，当矿尘中含游离 SiO_2 大于 10% 时，为 2 mg/m³；小于 10% 时，为 10 mg/m³；对含游离 SiO_2 大于 10% 的水泥粉尘，为 6 mg/m³；

$G_{基}$——进风流中基底含尘量，一般要求不超过 0.5 mg/m³。

4. 按风速验算风量

岩巷按最低风速 0.15 m/s 或 $Q \geqslant 9S$ 验算。煤巷、半煤岩巷按不能形成瓦斯层的最低风速 0.25 m/s 或 $Q \geqslant 15S$ 验算。

掘进巷道需风量，原则上应按排除炮烟、瓦斯、矿尘诸因素分别计算，取其中最大值，然后按风速验算，而在现场实际工作中一般按通风的主要任务计算需风量：瓦斯涌出量大的巷道，按瓦斯因素计算；无瓦斯涌出的岩巷，则按炮烟和矿尘因素计算；综掘煤巷按矿尘和瓦斯因素计算。

四、局部通风设备选型

根据开拓、开采巷道布置、掘进区域煤岩层的自然条件以及掘进工艺，确定合理的局部通风方法及其布置方式，选择风筒类型和直径，计算风筒出入口风量，计算风筒通风阻力，选择局部通风机。

1. 风筒的选择

选用风筒要与局部通风机选型一并考虑，其原则是：

（1）风筒直径能保证最大通风长度时，局部通风机供风量能满足掘进工作面通风的要求。

（2）在巷道断面允许的条件下，尽可能选择直径较大的风筒，以降低风阻，减少漏风，节约通风电耗。一般立井凿井时，选用 600 ~ 1000 mm 的铁风筒或玻璃钢风筒；通风长度在 200 m 以内，宜选用直径为 400 mm 的风筒；通风长度 200 ~ 500 m，宜选用直径 500 mm 的风筒；通风长度 500 ~ 1000 m，宜选用直径 800 ~ 1000 mm 的风筒，通风长度超过 1000 m，宜选用超过 1000 mm 的风筒。

2. 局部通风机的选型

已知井巷掘进所需风量和所选用的风筒，则可以计算风筒的通风阻力。根据风量和风筒的通风阻力，在可选择的各种通风设备全压范围选用合适的局部通风机。

1）确定局部通风机的工作参数

（1）计算工作风量。根据掘进工作面所需风量 $Q_{需}$ 和风筒的漏风情况，用下式计算通风机的工作风量 $Q_{通}$：

$$Q_{通} = P_{漏} Q_{需} \tag{7-14}$$

式中　$Q_{通}$——局部通风机的工作风量，m³/min；

$Q_{需}$——掘进工作面需风量，m³/min；

$P_{漏}$——风筒的漏风系数。

（2）计算全压值。压入式通风时，局部通风机全压 $h_{通全}$：

$$h_{通全} = R_{风} Q_{需} Q_{通} \tag{7-15}$$

式中　$R_{风}$——压入式风筒的总风阻，N·s²/m⁸，其余符号含义同式（7-14）。

抽出式通风时，局部通风机静压 $h_{通静}$：

$$h_{通静} = R_{风} Q_{通} Q_{需} \qquad\qquad (7-16)$$

式中 $h_{通静}$——局部通风机静压，Pa。

2）选择局部通风机

根据需要的局部通风机的工作风量 $Q_{通}$、局部通风机全压值 $h_{通全}$，在各类局部通风机特性曲线上确定局部通风机的合理工作范围，选择长期运行效率较高的局部通风机。对旋式局部通风机选型参见表7-9。

表7-9 对旋式局部通风机选型表

型 号	功率/kW	级 数	建议 $Q_{通}$/（$m^3 \cdot min^{-1}$）	风压/Pa	备 注
FBD4.5/2×5.5	2×5.5	2	200~140	500~2800	此参数表为二级通风机的参数，如果采用三级通风机，表中建议 $Q_{通}$ 取值不变，风压取值增加 1.3~1.5 倍
FBD5/2×7.5	2×7.5	2	240~180	700~3200	
FBD5.6/2×11	2×11	2	350~240	800~3700	
FBD6/2×15	2×15	2	400~300	1500~4400	
FBD6/2×18.5	2×18.5	2	450~350	2000~5800	
FBD6/2×22	2×22	2	500~380	1600~5000	
FBD6.3/2×30	2×30	2	600~430	2000~5800	
FBD7.5/2×55	2×55	2	900~600	3000~5800	

第三节 掘进通风管理

多年来，我国煤矿工人与工程技术人员为提高局部通风机通风效果，提高掘进工作面的有效风量，积累了很多行之有效的局部通风的技术管理经验，提高了单巷掘进的送风距离。

掘进通风管理技术措施主要有加强风筒管理的措施、保证局部通风机安全运转的措施。

一、加强风筒管理的措施

1. 减少风筒漏风

1）改进接头方法

风筒接头的好坏直接影响风筒的漏风和风筒阻力。风筒接头方法，最简单是采用插接法，即把风筒的一端顺风流方向插到另一节风筒中，并拉紧风筒使两个铁环靠紧。这种接头方法操作简单，但漏风大。为减少漏风，普遍采用的是反边接头法。

反边接头法分单反边、双反边（图7-19）和多反边（图7-20）3种形式。单反边接头法是在一个接头上留反边，如图7-19a所示，只将缝有铁环的接头1留200~300 mm的反边，而接头2不留反边，将留有反边的接头插入（顺风流）另一个接头中，如图7-19b所示，然后将两风筒拉紧使两铁环紧靠，再将接头1的反边翻压到两个铁环之上即可。双反边接头法是在两个接头上均留有200~300 mm的反边，如图7-19a所示，且比单反边多翻压一层，如图 7－19c 所示。多反边接头法，比双反边增加一个活铁环 3，将活铁环 3 套在风筒 2 上，如图 7－20a 所示，将 1 端顺风流插入 2 端，并将 1 端的反边翻压到 2 端上，将活铁环 3 套在 1、2 端的反边上，如图 7－20b 所示；最后将 1、2 反边再同时翻压在铁环 3、1 上，如图 7－20c 所示。反边接头法的翻压层数越多，漏风越少。

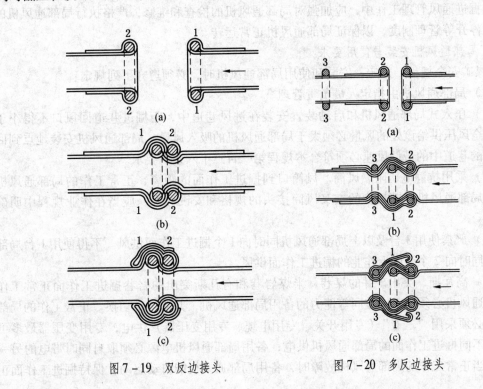

图 7－19　双反边接头　　　　　　图 7－20　多反边接头

2）减少接头数

不论采用哪种接头方法，均不能杜绝漏风，因此应尽量减少接头数，即尽量选用长节风筒。目前普遍使用的柔性风筒，每节长 10 m，可采用胶粘接头法，将 5～10 节风筒顺序粘接起来，使每节风筒的长度增到 50～100 m，从而大量减少接头数以减少漏风。

3）减少针眼漏风

胶布风筒是用线缝制成的，在风筒吊环鼻和缝合处，都有很多针眼，据现场观测，在 1 kPa 压力下，针眼普遍漏风。因此，对风筒的针眼处应用胶布粘补，以减少漏风。

4）防止风筒破口漏风

风筒靠近工作面的前端，应设置 3～4 m 长的一段铁风筒，随工作面推进向前移动，以防爆破崩坏胶布风筒。掘进巷道要加强支护，以防冒顶片帮砸坏风筒。风筒要吊挂在上帮的顶角处，防止被矿车刮破。对于风筒的破口，裂缝要及时粘补，损坏严重的风筒应及时更换。

2. 降低风筒的风阻

为了减少风筒的风阻以增加供风量，风筒吊挂应逢环必挂，缺环必补；吊挂平直，拉紧吊稳。局部通风机要用托架抬高，和风筒呈一直线。风筒拐弯应圆缓，勿使风筒褶皱。在一条巷道内，应尽量使用同规格的风筒，如使用不同规格的风筒时，应该使用异径风筒连接。风筒中有积水时，要及时放掉，以防止风筒变形破裂和增大风阻值。放水方法，可在积水处安设自行车气门嘴，放水时拧开，放完水再拧紧。

二、保证局部通风机安全运转的措施

在掘进通风管理工作中，应加强对局部通风机的检查和维修，严格执行局部通风机的安装、停开等管理制度，以保证局部通风机正常运转。

1. 局部通风机安装与使用要求

《煤矿安全规程》规定：安装和使用局部通风机时，必须遵守下列规定：

（1）局部通风机由指定人员负责管理。

（2）压入式局部通风机和启动装置安装在进风巷道中，距掘进巷道回风口不得小于10 m；全风压供给该处的风量必须大于局部通风机的吸入风量，局部通风机安装地点到回风口间的巷道中的最低风速必须符合本规程第一百三十六条的要求。

（3）采用抗静电、阻燃风筒。风筒口到掘进工作面的距离、正常工作的局部通风机和备用局部通风机自动切换的交叉风筒接头的规格和安设标准，应当在作业规程中明确规定。

（4）严禁使用3台及以上局部通风机同时向1个掘进工作面供风。不得使用1台局部通风机同时向2个及以上作业的掘进工作面供风。

（5）高瓦斯、突出矿井的煤巷、半煤岩巷和有瓦斯突出的岩巷掘进工作面正常工作的局部通风机必须配备安装同等能力的备用局部通风机，并能自动切换。正常工作的局部通风机必须采用"三专"（专用开关、专用电缆、专用变压器）供电，专用变压器最多可向4个不同掘进工作面的局部通风机供电；备用局部通风机电源必须取自同时带电的另一电源，当正常工作的局部通风机故障时，备用局部通风机能自动启动，保持掘进工作面正常通风。

（6）使用局部通风机供风的地点必须实行风电闭锁和甲烷电闭锁，保证当正常工作的局部通风机停止运转或停风后能切断停风区内全部非本质安全型电气设备的电源。正常工作的局部通风机故障，切换到备用局部通风机工作时，该局部通风机通风范围内应当停止工作，排除故障；待故障被排除，恢复到正常工作的局部通风后方可恢复工作。使用2台局部通风机同时供风的，2台局部通风机都必须同时实现风电闭锁和甲烷电闭锁。

（7）每15天至少进行一次风电闭锁和甲烷电闭锁试验，每天应进行一次正常工作的局部通风机与备用局部通风机自动切换试验，试验期间不得影响局部通风，试验记录要存档备查。

（8）正常工作和备用局部通风机均失电停止运转后，当电源恢复时，正常工作的局部通风机和备用局部通风机均不得自行启动，必须人工开启局部通风机。

（9）其他掘进工作面和通风地点正常工作的局部通风机可不配备备用局部通风机，但正常工作的局部通风机必须采用"三专"供电；或者正常工作的局部通风机配备安装一台同等能力的备用局部通风机，并能自动切换。正常工作的局部通风机和备用局部通风机的电源必须取自同时带电的不同母线段的相互独立的电源，保证正常工作的局部通风机故障时，备用局部通风机能投入正常工作。

2. 局部通风机应定期检查维修

因井下空气潮湿，空气中含有粉尘，在局部通风机运转过程中，粉尘会逐渐粘积在流道和叶片上，需定期清洗和检修保证性能。

技能训练

一、局部通风机的安装与拆除

1. 实训目的

掌握局部通风机的安装与拆除操作技术。

2. 实训仪器工具

局部通风机、铁丝、扳手、钳子等工具。

3. 实训内容

（1）局部通风机安装。分小组，每组 5~6 人，根据安装局部通风机的要求准备好各类工具，在实训（模拟）巷道内安装局部通风机；选择顶板、两帮支护完好，没有淋水，距进风巷道口 10 m 以外的地点，用铁丝或钢丝绳吊挂或用道板垫起，离地高度大于 0.3 m，机体安装稳固，不能滑落；局部通风机、消声器、风车嘴子、整流器之间用衬垫和螺丝连接到一起。

安装完成后要认真进行检查，确认局部通风机安装质量符合通风质量标准化要求，指导教师验收合格后方可收拾好工具。

（2）局部通风机拆除。做好停电计划，先停电，然后把风机的接线从开关上甩下来；吊挂的风机先把风机放下来，同时把风筒从风车嘴子上卸下，如果是垫高的风机可直接拆卸；拆除螺丝，卸下消声器、衬垫、整流器以及风车嘴子；把衬垫、螺丝收拾好，以备下次再用；清理现场，收拾工具，符合要求方可离去。

4. 总结分析

由实训指导老师组织总结，根据学生安装、拆除局部通风机操作工序正确与否，和工具使用熟练程度进行总结。

5. 实训考核

（1）根据学生在实训过程中的表现和实习成果分项评分。

（2）根据实训中工具使用熟练程度及安装、拆除局部通风机是否符合质量标准，由实训指导老师考核学生综合成绩。

二、风筒的安装、拆除及维修

1. 实训目的

掌握风筒的安装、回收拆除操作及维修技术。

2. 实训仪器工具

风筒、细钢丝绳、铁丝、尼龙绳、胶水、风筒布、剪刀、钳子、小木槌等。

3. 实训内容

（1）风筒的安装。分小组，每组 5~6 人，按计划领取质量符合要求的风筒；第一节风筒与风车嘴子用铁丝扎紧，防止脱落，之后依次接上风筒；用铁丝绳或钢丝绳将风筒拉紧吊挂，吊挂要"平、直、紧、稳"，避免其他设备、材料挤压剐蹭，与电缆分开吊挂，一般与防尘水管吊挂在一边；风筒接头接严密不漏风，风筒拐弯处设弯头。

（2）风筒的拆除。拆除风筒时先解下吊绳，由里向外依次拆除，一节一节地放到地上，再一节一节折叠好后回收；清理现场，收拾工具，符合要求方可离去。

（3）风筒的修补。①风筒回收后，首先应刷洗、晒干，检查风筒的损坏情况及耐用程度，分别进行处理，没有损坏的直接进入库房待下次用，如果能修复使用的进行修补，否则报废；②修补风筒时先备好胶水，备好补丁，根据破口大小用剪刀裁剪成圆形，补丁应大于破口，将补丁和风筒破口处刷净，晾干后分别涂上胶水，待补丁和风筒破口处胶水不粘手时即可粘合，粘合后即可用木槌敲实，使其粘合严密，不漏风。

4. 总结分析

由实训指导老师组织总结，分析学生安装、拆除与修补风筒操作过程是否符合质量标准。

5. 实训考核

（1）根据学生在实训过程中的表现和实训成果分项评分。

（2）根据实训过程中学生安装、拆除及修补风筒熟练程度，是否符合质量标准，由实训指导老师考核学生综合成绩。

复习思考题

1. 局部通风方法分为哪几种？

2. 试述局部通风机压入式、抽出式通风的优缺点及适用条件。

3. 全风压通风有哪些布置方式？试简述其优缺点和适用条件。

4. 试述局部通风机混合式通风的特点与要求。

5. 有效射程、有效吸程的含义是什么？

6. 局部通风设备包括哪些？风筒的选择与使用应注意哪些问题？

7. 保证局部通风机安全运转的措施及加强风筒管理的措施有哪些？

第八章 矿井与采区通风设计

第一节 概 述

矿井通风设计是整个矿井设计内容的重要组成部分，是保证安全生产的重要环节。它的基本任务是结合矿井开拓、开采设计，建立其安全可靠、经济合理、管理方便的通风系统。

一、矿井通风设计的依据

矿井通风设计主要依据矿井自然条件和矿井生产条件。

1. 矿井自然条件

(1) 矿井地质图、地形图。

(2) 煤层瓦斯含量、瓦斯压力，瓦斯及 CO_2 涌出量，煤（岩）与瓦斯（CO_2）突出危险性。

(3) 煤的自燃倾向性及自然发火期。

(4) 煤尘爆炸危险性。

(5) 矿区地面气候条件，包括年最高气温、最低气温及平均气温，地温及地温增深率等。

2. 矿井生产条件

(1) 矿井年产量及服务年限。

(2) 矿井开拓系统、回采顺序、开采方法、运输系统。

(3) 采区储量、采煤工作面位置及产量。

(4) 同时开采煤层数、采区数、采掘工作面数。

(5) 井下同时工作的最多人数，采掘爆破的最多炸药消耗量，井巷支护方式和断面。

(6) 邻近生产矿井与通风设计有关的经验数据、风量计算方法。

(7) 通风设备的产品目录、价格，矿区电费。

二、矿井通风设计的分类、内容和要求

（一）矿井通风设计的时期分类

矿井通风设计一般分为两个时期，即基建时期与生产时期，分别进行设计计算。

1. 矿井基建时期的通风

矿井基建时期的通风指建井过程中掘进井巷时的通风，即开凿井筒（或平硐）、井底车场、井下硐室、第一水平的运输巷道和通风巷道时的通风。这个时期多用局部通风机对独头巷道进行局部通风。当两个井筒贯通后，安装主要通风机，此时利用主要通风机对已

开凿的井巷实行全风压通风，缩短其余井巷与硐室掘进时局部通风的距离。

2. 矿井生产时期的通风

矿井生产时期的通风是指矿井投产后，包括全矿开拓、采准和采煤工作面以及其他井巷的通风。这时期的通风设计，根据矿井生产年限的长短，又可分为两种情况：

（1）矿井服务年限不长时（15～20年）。只做一次通风设计，设计中以矿井达产后通风阻力最小时为矿井通风容易时期，矿井通风阻力最大时为通风困难时期。依据这两个时期的生产情况进行设计计算，并选出对此两个时期的通风都满足的通风设备。

（2）矿井服务年限较长时（30～50年）。考虑到通风机设备选型，矿井所需风量和风压的变化等因素又需分为两个阶段进行通风设计：第一阶段为前15～25年，对该阶段内通风容易和困难两种情况详细地进行设计计算；第二阶段的通风设计只做一般的原则规划，但对矿井通风系统，应根据整个生产时期的技术经济因素做出全面的考虑，以便确定的通风系统既可适应现实生产的要求，又能照顾长远的生产发展与变化情况。

（二）矿井通风设计的内容

（1）拟定矿井通风系统。

（2）矿井总风量计算和风量分配。

（3）计算矿井通风总阻力。

（4）选择矿井主通风设备。

（5）概算矿井通风费用。

（三）矿井通风设计的要求

（1）应将足够的新鲜空气输送到井下各个作业场所，保证安全生产和创造良好的气候条件。

（2）通风系统要简单，风流稳定，便于管理，具有抗灾能力。

（3）发生事故时，风流易于控制，有利于人员撤出。

（4）有符合规定的井下环境及安全监测系统或检测措施。

（5）通风系统投产快，营运费用低，经济效益好。

第二节 矿井需风量计算和分配

一、生产矿井需风量计算

（一）生产矿井需风量计算原则

生产矿井需风量，按下列要求分别计算，并采用其中最大值：

（1）按井下同时工作最多人数计算，每人每分钟供给风量不得少于 $4 \ m^3$。

（2）按采煤、掘进、硐室及其他实际需要风量的总和进行计算。各需风地点的实际需风量满足稀释瓦斯、CO_2 和其他有害气体的浓度；风速及温度符合《煤矿安全规程》规定。

（二）生产矿井需风量计算过程

1. 按井下同时工作的最多人数计算

$$Q = 4NK_{矿通}$$ （8-1）

式中 Q——矿井通风所需的总进风量，m^3/min；

    N——井下同时工作的最多人数，人；

    4——《煤矿安全规程》规定的每人每分钟供给风量不得少于 $4\ m^3$；

   $K_{矿通}$——矿井通风系数，考虑矿井内部漏风和配风不均匀等因素，一般取 $K_{矿通}$ 为 1.20～1.25。

2. 按采煤、掘进、硐室及其他需风地点实际需要风量的总和计算

$$Q = \left(\sum Q_采 + \sum Q_掘 + \sum Q_硐 + \sum Q_{其他} \right) \cdot K_{矿通} \tag{8-2}$$

式中 $\sum Q_采$——采煤工作面和备用工作面所需风量之和，m^3/min；

   $\sum Q_掘$——掘进工作面所需风量之和，m^3/min；

   $\sum Q_硐$——硐室所需风量之和，m^3/min；

  $\sum Q_{其他}$——其他用风地点所需风量之和，m^3/min；

   $K_{矿通}$——矿井通风系数。

1）采煤工作面需风量的计算

采煤工作面的需风量应该按瓦斯、CO_2 涌出量和工作面的气温、炸药消耗量、人数、风速等因素分别计算，取其最大值。

（1）按瓦斯涌出量计算。

$$Q_采 = \frac{100 q_{CH_4} K_{采通}}{C} \tag{8-3}$$

式中 $Q_采$——采煤工作面实际需要风量，m^3/min；

  q_{CH_4}——采煤工作面瓦斯相对涌出量，m^3/min；

  $K_{采通}$——采煤工作面瓦斯涌出不均匀和备用风量系数，通常机采工作面取 $K_{采通} = 1.2～1.6$，炮采工作面取 $K_{采通} = 1.4～2.0$，水采工作面取 $K_{采通} = 2.0～3.0$；

   C——采煤工作面回风流中允许的最大瓦斯含量，$C = 1$，%。

（2）按 CO_2 涌出量计算。按 CO_2 涌出量计算工作面实际需风量方法参照式（8-3），采煤工作面回风流中的 CO_2 最大允许含量为 1.5%，$C = 1.5$。

（3）按工作面温度计算。采煤工作面应有良好的气候条件，采煤工作面空气温度与风速应符合表 8-1 的要求。

表 8-1 采煤工作面空气温度与风速对应表

采煤工作面空气温度 t/℃	采煤工作面风速 $v_采$/(m·s^{-1})	采煤工作面空气温度 t/℃	采煤工作面风速 $v_采$/(m·s^{-1})
<15	0.3～0.5	20～23	1.0～1.5
15～18	0.5～0.8	23～26	1.5～1.8
18～20	0.8～1.0		

采煤工作面的需风量按式（8-4）计算：

$$Q_采 = 60v_采 S_采 K_采 \qquad (8-4)$$

式中　$v_采$——采煤工作面的风速，按采煤工作面温度从表8-1中选取，m/s；

　　　$S_采$——采煤工作面有效通风断面，取最大和最小控顶时有效断面的平均值，m²；

　　　$K_采$——工作面的长度系数，可根据工作面长度按表8-2选取。

表8-2　采煤工作面长度风量系数表

采煤工作面长度/m	工作面长度风量系数 $K_采$	采煤工作面长度/m	工作面长度风量系数 $K_采$
<15	0.8	120~150	1.1
50~80	0.9	150~180	1.2
80~120	1.0	>180	1.3~1.4

（4）按使用炸药量计算。

$$Q_采 = 25A \qquad (8-5)$$

式中　25——使用1 kg炸药的需风量，m³/min；

　　　A——采煤工作面一次爆破使用的最大炸药量，kg。

（5）按工作人数计算。

$$Q_采 = 4N_采 \qquad (8-6)$$

式中　4——每人每分钟应供给的最低风量，m³/min；

　　　$N_采$——采煤工作面同时工作的最多人数，人。

（6）按风速进行验算。

按最低风速验算各个采煤工作面的最小风量：

$$Q_采 \geq 15S_采 \qquad (8-7)$$

式中　15——采煤工作面最低风速，m/min。

按最高风速验算各个采煤工作面的最大风量：

$$Q_采 \leq 240S_采 \qquad (8-8)$$

式中　240——采煤工作面最高风速，m/min。

2）掘进工作面需风量的计算

掘进工作面的风量，应按下列因素分别计算，取其最大值。

（1）按瓦斯涌出量计算。

$$Q_掘 = \frac{100q_瓦 K_{掘通}}{C} \qquad (8-9)$$

式中　$Q_掘$——掘进工作面的需风量，m³/min；

　　　$q_瓦$——掘进工作面的相对瓦斯涌出量，m³/min；

　　　$K_{掘通}$——掘进工作面的瓦斯涌出不均匀和备用风量系数，一般可取 $K_{掘通}=1.5 \sim$
　　　2.0；

　　　C——掘进工作面回风流中允许的最大瓦斯含量，$C=1,\%$。

（2）按炸药量计算。掘进工作面按一次消耗最多炸药量计算的需风量 $Q_掘$，计算公式
同式（8-5）。

（3）按局部通风机实际吸风量计算。

$$Q_{掘} = \sum Q_{通} K_{掘通} \qquad (8-10)$$

式中　$\sum Q_{通}$——掘进工作面同时运转的局部通风机额定风量之和，各种通风机额定风量可按通风机参数表选取（参照第七章掘进通风）。

　　　　$K_{掘通}$——为防止局部通风机吸循环风的风量备用系数，一般取 $K_{掘通} = 1.2 \sim 1.3$，进风巷道中无瓦斯涌出时取 1.2，有瓦斯涌出时取 1.3。

（4）按工作人数计算。

$$Q_{掘} = 4N_{掘} \qquad (8-11)$$

式中　$N_{掘}$——掘进工作面同时工作的最多人数，人。

（5）按风速进行验算。

掘进工作面岩巷按最低风速 0.15 m/s，最大风速 4 m/s 进行验算；煤巷、半煤岩巷按最低风速 0.25 m/s，最大风速 4 m/s 进行验算。

按最小风速验算，岩巷掘进工作面最小风量：

$$Q_{掘} \geqslant 9S_{掘} \qquad (8-12)$$

煤巷或半煤岩巷掘进工作面的最小风量：

$$Q_{掘} \geqslant 15S_{掘} \qquad (8-13)$$

按最高风速验算，掘进工作面的最大风量：

$$Q_{掘} \leqslant 240S_{掘} \qquad (8-14)$$

式中　$S_{掘}$——掘进巷道的净断面积，m^2。

3）硐室需风量计算

各个独立通风硐室的需风量应根据不同类型的硐室分别进行计算。

（1）机电硐室。发热量大的机电硐室，按硐室中运行的机电设备发热量进行计算：

$$Q_{机} = \frac{3600\theta \sum N}{60\rho C_{p} \Delta t} \qquad (8-15)$$

式中　$Q_{机}$——机电硐室的需风量，m^3/min；

　　　　$\sum N$——机电硐室中运转的电动机（变压器）总功率，kW；

　　　　θ——机电硐室的发热系数，空气压缩机房，$\theta = 0.20 \sim 0.23$；水泵房，$\theta = 0.01 \sim 0.03$；变电硐室、绞车房，$\theta = 0.02 \sim 0.04$；

　　　　ρ——空气密度，一般取 1.2 kg/m^3；

　　　　C_{p}——空气的定压比热，一般可取 1.0 kJ/(kg·K)；

　　　　Δt——机电硐室进、回风流的温度差，℃。

（2）爆破材料库。爆破材料库需风量 $Q_{火}$ 按每小时 4 次换气计算，即

$$Q_{火} = 4V/60 \qquad (8-16)$$

式中　V——库房体积，m^3。

对于大型爆破材料库不得小于 100 m^3/min；中小型爆破材料库不得小于 60 m^3/min。

（3）其他硐室需风量。绞车房、变电硐室可取 60 ~ 80 m^3/min；充电硐室按其回风流中氢气浓度小于 0.5% 计算，但不得小于 100 m^3/min，或按经验取 100 ~ 200 m^3/min。

4）其他需风巷道的需风量计算

其他巷道的需风量，应根据瓦斯涌出量和风速分别进行计算，采用其最大值。

（1）按瓦斯涌出量计算。

$$Q_{其他} = 133Q_{CH_4}K_{其他通} \qquad (8-17)$$

式中　Q_{CH_4}——其他用风巷道的瓦斯绝对涌出量，m^3/min；

　　　　$K_{其他通}$——其他用风巷道瓦斯涌出不均匀的风量备用系数，一般为 1.2～1.3。

（2）按最低风速验算。其他通风行人巷道按最低风速 0.15 m/s 进行验算，即

$$Q_{其他} \geqslant 9S_{其他} \qquad (8-18)$$

式中　$S_{其他}$——其他需风井巷净断面积，m^2。

二、新设计矿井需风量计算

新设计矿井，对于无瓦斯或高瓦斯矿井，矿井需风量按下式计算：

$$Q = qTK \qquad (8-19)$$

式中　q——日产吨煤的供风标准，一般取 $q = 1 \ m^3/(min \cdot t \cdot d^{-1})$；

　　　T——矿井平均日产煤量，t/d；

　　　K——风量备用系数。

其中，$K = K_均 \cdot K_备 \cdot K_采外 \cdot K_温$，通过查表 8-3 确定。

对于高瓦斯矿井，按总回风流中瓦斯浓度不超过 0.75% 计算：

$$Q = 0.0926q_瓦 TK \qquad (8-20)$$

式中　$q_瓦$——矿井相对瓦斯涌出量，m^3/t；

　　　T——矿井平均日产量，t/d；

　　　K——风量备用系数。

此处 $K = K_瓦 \cdot K_备 \cdot K_漏 \cdot K_采外$，各系数查表 8-3 确定。

表 8-3　选用风量备用系数表

各系数名称	数值	选　用　条　件
产量不均衡系数 $K_均$	1.15	低瓦斯矿井
瓦斯涌出不均匀系数 $K_瓦$	1.20～1.25	高瓦斯矿井选用，单一煤层、本煤层，取大值；煤层群、采区外瓦斯占 50% 以上，取小值
矿井内部漏风系数 $K_漏$	1.15～1.25	大型矿井、对角式通风方式取小值；小型矿井中央式通风方式取大值
备用工作面风量系数 $K_备$	1.10～1.25	一般取 1.10；备用工作面较多的矿井取最大值
采区外用风备用系数 $K_采外$	1.00～1.20	包括掘进、大型硐室、多水平的其他独立回风的风量系数，一般取 1.10；薄煤层、煤层群并有基建任务时取 1.15；有大型硐室及多水平同时生产取大值
工作面温度调正系数 $K_温$	0.95～1.15	低瓦斯矿井选用，<20 ℃时取 0.95；20～23 ℃时取 1.00；23～26 ℃时取 1.10；>26 ℃时取 1.15

三、矿井风量分配

矿井总风量计算出以后，应合理地向各个需风地点分配。分配方法是：从计算得到的

矿井总风量 Q 中减去独立回风的掘进风量 $Q_掘$、硐室风量 $Q_硐$，得剩余风量 $Q_余$，即

$$Q_余 = Q - (Q_掘 + Q_硐) \tag{8-21}$$

再把剩余风量分配给采煤工作面和备用工作面。其分配原则是：各采煤工作面，按照与产量成正比的原则分配；备用工作面按照与生产时所需风量的一半分配。分配方法：先计算出所有采煤工作面平均日产吨煤所需分配的风量 q，即

$$q = \frac{Q_余}{\sum T_采 + \frac{1}{2} \sum T_备} \tag{8-22}$$

式中　$\sum T_采$——各采煤工作面的日产量之和，t/d；

　　　$\sum T_备$——各备用工作面的日产量之和，t/d。

再计算采煤工作面的风量 $Q_采$ 和备用工作面的风量 $Q_备$，即

$$Q_采 = qT_采 \tag{8-23}$$

$$Q_备 = \frac{1}{2}qT_备 \tag{8-24}$$

式中　$T_采$——采煤工作面日产煤量，t/d；

　　　$T_备$——备用工作面计划日产煤量，t/d。

风量分配完成后，还要根据各用风地点的风量确定通风系统中各通风巷道中所流过的风量，然后验算各通风巷道的风速是否符合《煤矿安全规程》规定。否则，需要调整风量或扩大巷道断面。

第三节　采区通风设计的步骤

采区通风设计的步骤：确定采区通风系统、确定采区所需风量、计算采区通风阻力及总风阻、确定采区通风构筑物。

一、确定采区通风系统

采区通风系统的确定根据采区巷道布置和采煤方法，主要考虑采区的进风和回风上（下）山的选择、采煤工作面通风系统的选择、采煤工作面的上行风与下行风等问题。所确定的采区通风系统应有利于冲淡、排除瓦斯，降低粉尘浓度，保证风流质量和风量安全可靠。

二、确定采区所需风量

1. 采区总风量计算

采区总风量 $Q_总$ 按下式计算：

$$Q_总 = \left(\sum Q_采 + \sum Q_掘 + \sum Q_硐 \right) K_采备 \tag{8-25}$$

式中　$K_采备$——采区风量系数，一般取 $1.2 \sim 1.25$；

　　　$\sum Q_采$——各采煤（备用）工作面需风量之和，m^3/min；

　　　$\sum Q_掘$——各掘进工作面需风量之和，m^3/min；

$\sum Q_{硐}$——各独立回风硐室需风量之和，m^3/min。

采煤工作面、掘进工作面、独立回风硐室需风量计算方法参照本章第二节。

2. 采区总风量的分配

采区风量分配的步骤如下：

（1）计算需分配给采煤工作面的风量。

$$\sum Q_{采} = Q_{总} - \sum Q_{掘} - \sum Q_{硐} \tag{8-26}$$

（2）计算各采煤工作面和备用工作面的风量。

首先计算日产吨煤所需分配的风量 q：

$$q = \frac{\sum Q_{采}}{\sum T_{采} + \frac{1}{2}\sum T_{采备}} \tag{8-27}$$

式中　　$\sum T_{采}$——各采煤工作面日产量之和，t/d；

$\sum T_{采备}$——各备用采煤工作面日产量之和，t/d。

再用下列式子计算出采煤工作面和备用工作面的风量：

$$Q_{采} = qT_{采} \tag{8-28}$$
$$Q_{采备} = qT_{采备} \tag{8-29}$$

3. 风速校验

求出的风量，须按井巷、采掘工作面的设计断面计算出风速，与《煤矿安全规程》规定各类井巷的允许风速进行比较，对不符合允许风速的井巷，进行风量调整。

三、计算采区通风阻力及总风阻

1. 采区通风阻力的计算

采区通风阻力是新的采区并入矿井通风系统后，对矿井主要通风机工作点进行调整的重要参数。采区通风阻力要根据采区通风系统的网络结构，选择一条通过风量最大、路线最长的风路进行计算。

（1）计算摩擦阻力。风路中各段井巷的摩擦阻力根据第三章摩擦阻力式（3-9）计算。式中 α 应选用相似条件的实测值，也可以查阅有关参考资料选取。

计算时，应将计算参数和计算结果填入表8-4中，将整个通风路线中各段巷道的摩擦阻力累加起来得到采区的摩擦总阻力 $\sum h_{摩}$。

表8-4　摩擦阻力计算表

巷道区段序号	井巷名称	支架种类	$\alpha/$ $(N \cdot s^2 \cdot m^{-4})$	L/m	U/m	S/m^2	S^3/m^6	$R_{摩}/$ $(N \cdot s^2 \cdot m^{-8})$	$Q/$ $(m^3 \cdot s^{-1})$	$Q^2/$ $(m^3 \cdot s^{-1})^2$	$h_{摩}/$ Pa	$v/$ $(m \cdot s^{-1})$	备注
1-2 2-3 ⋮													

（2）计算采区总阻力。采区通风总阻力 $h_总$ 可由下式计算：

$$h_总 = K_局 \cdot \sum h_摩 \qquad (8-30)$$

式中　$K_局$——考虑局部阻力的系数，一般取 $K_局 = 1.11 \sim 1.15$。

2. 计算采区总风阻

采区总风阻为

$$R_总 = \frac{h_总}{Q_总^2} \qquad (8-31)$$

式中　$R_总$——采区总风阻，$N \cdot s^2/m^8$；

　　　$Q_总$——采区总风量，m^2/min；

　　　$h_总$——采区总阻力，Pa。

四、确定采区内通风构筑物

为保证风流在采区按规定的线路流动，新鲜风流和污风需分开及按需分配风量，同时在采区内应合理设置风门、风墙、风窗及风桥等通风构筑物。

采区内设置通风构筑物应注意：

（1）风门不能设在通过矿车的倾斜巷道内和双轨巷道内，两道风门之间的距离应大于一列车的长度。

（2）调节风窗的位置应合理选择，一般设在回风巷。

（3）进回风巷道之间的联络巷道必须构筑永久性风墙。

（4）风桥的断面应足够大，保证风量的通过。

技能训练

查阅邻近矿井某采区设计说明书中的采区通风设计部分内容

1. 实训目的

查阅邻近煤矿某采区设计说明书，对照本章采区通风设计的步骤，了解煤矿采区通风设计内容和步骤。

2. 实训内容

通过阅读采区设计，记录采区通风设计的内容和步骤：

（1）拟定采区通风线路，确定工作面通风方式，确定通风构筑物类型、位置及数量。

（2）采区采煤工作面风量计算，分别查阅以下计算公式及结果：①按气候条件计算；②按瓦斯涌出量计算；③按 CO_2 涌出量计算；④按风速与温度验算。

（3）采区及工作面安全技术措施。①通风、瓦斯管理；②防尘；③防灭火；④安全监测系统；⑤工作面避灾路线。

3. 总结分析

由实训指导老师组织总结，收取记录内容，讨论通风设计计算过程中应该注意哪些问题。

4. 实训考核

（1）根据学生在实训过程中的表现和实训成果分项评分。

（2）根据实训过程中记录的结果，实训指导老师考核学生综合成绩。

复习思考题

1. 矿井通风设计的依据、内容及要求是什么？
2. 生产矿井需风量计算的原则是什么？
3. 矿井总风量分配的原则是什么？
4. 简述采区通风设计的步骤。

顶压力为 $p_{a顶}$ = 103 Pa，$h_{a全}$ = 78 Pa，两者之差便是 h_{v} = 6976 Pa，自然风压为 118 Pa，
自然10倍计算风压且正确标出方向；本题内 3 题实际与图示⋯⋯位置一致，项点之绝对压
差也便可求出。）

（提示 3 题：在 A、B、C 各测点标明⋯⋯ 图2，图中测得1.5倍的工程量⋯⋯ 约为 6905 Pa，
无量 CB 及 p_{a} = 1000 Pa 等数值⋯⋯ 并所测风向如图示，3并标明5倍相对⋯⋯中的
压流方向。）

练 习 题

第 一 章

1. 半圆拱巷道，其巷道断面为 3.48 m^2，用侧身法测得的表速为 3 m/s，该风表的校
正曲线表达式为 $v_{真} = 2 + v_{表}$，试求该巷道通过的风量。

第 二 章

2. 如图 1 所示，a 点和 b 点的相对压力为 h_a = -1333 Pa，h_b = 1333 Pa。并测得与 a、
b 同标高的风筒外大气压力为 p_0 = 101332 Pa。求 a 点和 b 点的绝对压力为多少？并把压差
计的水柱计读数、风筒中的风流方向标出。

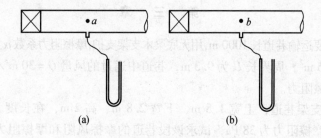

(a)   (b)

图 1 风筒、水柱计计算图

3. 如图 2 所示，试判断它们的通风
方式，区别各压差计中的压力种类并填上
空白压差计的读数。

4. 已知抽出式风筒内测点 1 的绝对
静压 $p_{静1}$ = 98975 Pa，压入式风筒内测点 2
的绝对静压 $p_{静2}$ = 101340 Pa，在两风筒内
测点的平均风速为 $v_1 = v_2 = 20$ m/s，测点

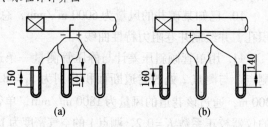

(a)   (b)

图 2 风筒中相对静压、全压和速压的测定

处空气密度 ρ = 1.2 kg/m^3，风筒外面的大气压力 p_0 = 100440 Pa。试求两测点的相对全压
$h_{全}$、相对静压 $h_{静}$ 及动压 $h_{动}$ 等值。

5. 某矿采用抽出式通风如图 2-23 所示，用仪器测得风硐断面 4 的风量 Q_4 = 40 m^3/s，
净断面积 S_4 = 4 m^2，空气密度 ρ = 1.19 kg/m^3，通风机房 U 形压差计的读数 $h_{静4}$ = 1960 Pa，
风硐外与断面 4 同标高的大气压 p_0 = 98908 Pa，矿井自然风压 $h_{自}$ = 98 Pa，自然方向与通
风机作用方向相同，试求 $p_{静4}$、$p_{全4}$、$h_{动4}$、$h_{全4}$ 以及矿井通风阻力 $h_{阻}$ 各为多少？

6. 某矿采用压入式通风如图 2-24 所示，已知通风机的吸风段段面 2 的静压水柱计
读数为 196 Pa，压风段风硐断面 3 的静压水柱计读数为 1176 Pa，测得断面 2、3 和出风井

的动压为 $h_{动2} = 108$ Pa，$h_{动3} = 78$ Pa，地表在大气压力 $p_0 = 95976$ Pa，自然风压为 118 Pa，自然风压与通风机风压相反，试求段面 2 与段面 3 的绝对静压、绝对全压、相对全压以及矿井通风总阻力。

7. 如图 3 所示，在 A、B、C 三种情况下，用空盒气压计测得 1 点的气压为 $p_1 = 99975$ Pa，2 点的气压为 $p_2 = 100642$ Pa。求在三种情况下 1、2 两点间的通风阻力，并判断巷道中的风流方向。

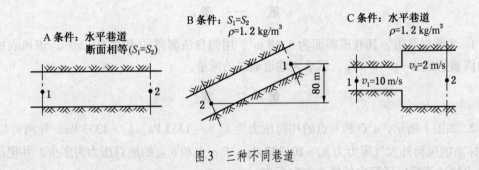

图 3　三种不同巷道

第　三　章

8. 已知某主要运输巷道长 1000 m，用无底梁木支架支护，摩擦阻力系数 α 为 0.0147 N·s²/m⁴，巷道静断面 S 为 5 m²，周界长 U 为 9.3 m，巷道中通过的风量 $Q = 30$ m³/s，试求该段巷道的摩擦风阻和摩擦阻力。

9. 某梯形木支架巷道，上宽 1.8 m、下宽 2.8 m、高 2 m，在长度为 400 m，风量为 480 m³/min 时，摩擦阻力为 38 Pa，试求该段巷道的摩擦风阻和摩擦阻力系数。若其他条件不变，在风量增为 960 m³/min 时，摩擦阻力应是多少？

10. 已知某矿井的风量为 6000 m³/min，总风压为 2200 Pa，试求该矿的总风阻和总等积孔，并绘制井巷阻力特性曲线。

11. 用单管倾斜压差计与静压管测量一条进风大巷的阻力。该巷为半圆拱料石砌碹，测点 1 与测点 2 处的巷道断面积分别为 $S_1 = 8.8$ m²，$S_2 = 8.0$ m²，1、2 两测点的间距为 300 m，通过该巷道的风量为 1800 m³/min，单管倾斜压差计读数为 21.1 mm 液柱，读数时的仪器校正系数 $K = 0.2$，测点 1 的空气密度为 1.25 kg/m³，测点 2 的空气密度为 1.21 kg/m³，试计算该巷道的摩擦阻力和摩擦阻力系数，并将摩擦阻力系数换算成标准值。

第　四　章

12. 某自然通风矿井如图 4 所示，测得 $\rho_A = 1.3$、$\rho_B = 1.26$、$\rho_C = 1.16$、$\rho_D = 1.14$、$\rho_E = 1.15$、$\rho_F = 1.3$ kg/m³；试求该矿井的自然风压，并判断其风流方向。

13. 某矿采用压入式通风如图 4 – 18 所示，测得通风机抽风段与压风段风硐处的相对静压 $h_{静2} = 180$ Pa，$h_{静3} = 1900$ Pa，通过通风机的风量为 58 m³/s，风硐 2 断面的面积为 5 m²，风硐 3 断面的面积为 6 m²，空气的密度 $\rho = 1.2$ kg/m³。试求通风机的静压、动压和全压。

14. 某矿采用如图5所示的布置方式，对轴流式通风机进行性能试验，试验时叶片的安装角度为30°，通风机的转数为910 r/min。在 $A-A$ 处进行工况调节，Ⅰ－Ⅰ断面用风表测量通风机的风量，在Ⅱ－Ⅱ断面处设静压管，测量该断面的相对静压。某一工况点测量参数如下：

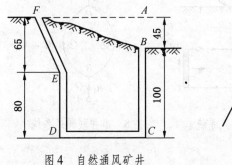

图4　自然通风矿井　　　　　　　　图5　通风机性能试验

（1）Ⅰ－Ⅰ断面和Ⅱ－Ⅱ断面的面积相等 $S_1 = S_2 = 4.88\ \text{m}^2$，Ⅲ－Ⅲ断面面积 $S_3 = 7.36\ \text{m}^2$。

（2）在Ⅰ－Ⅰ断面测得的平均风速 $v_1 = 9.86\ \text{m/s}$。

（3）在Ⅱ－Ⅱ断面测得的静压 $h_{静2} = 2970\ \text{Pa}$。

（4）输入电机的电流 $I = 21\ \text{A}$，电压 $U = 6000\ \text{V}$，功率因数 $\cos\phi = 0.83$，电动机的效率 $\eta_电 = 0.9$。

（5）空气密度 $\rho = 1.2\ \text{kg/m}^3$。

（6）矿井自然风压为 $+h_自 = 200\ \text{Pa}$，帮助通风机工作。

试求：①通风机的风量 $Q_通$；②通风机的静压 $h_{通静}$；③通风机的全压 $h_{通全}$；④通风机的输入功率 $N_{通入}$；⑤通风机的静压输出功率 $N_{通静出}$ 和全压输出功率 $N_{通全出}$；⑥通风机的静压效率 $\eta_{通静}$ 和全压效率 $\eta_{通全}$；⑦矿井的通风总阻力 $h_阻$。

第 五 章

15. 一组串联巷道，各巷道的风阻分别为 $R_1 = 0.59$、$R_2 = 0.41$、$R_3 = 0.12$、$R_4 = 0.30$、$R_5 = 0.28\ \text{Ns}^2/\text{m}^8$。若通过的风量 $Q = 25\ \text{m}^3/\text{s}$，试求该串联系统的总风阻、总阻力和总等积孔。

16. 某采煤工作面通风系统如图6所示，已知 $R_1 = 0.49$、$R_2 = 1.47$、$R_3 = 0.98$、$R_4 = 1.47$、$R_5 = 0.49$、$R_6 = 0.98\ \text{Ns}^2/\text{m}^8$（当风门打开时）。该系统的总风压 $h_{AD} = 80\ \text{Pa}$，在正常通风时，风门E关闭，求此时各巷道的风量。若将风门E打开，该系统的总风压保持不变，求在此种情况下进入工作面的风量和从风门短路的风量。

17. 某矿井通风系统如图7所示，已知 $Q_总 = 24\ \text{m}^3/\text{s}$，各巷道风阻分别为 $R_{AB} = 0.23$、$R_{BC'} = 0.44$、$R_{C'D'} = 0.18$、$R_{D'E} = 0.51$、$R_{BC} = 0.27$、$R_{CD} = 0.18$、$R_{DE} = 0.43$、$R_{EF} = 0.25\ \text{N} \cdot \text{s}^2/\text{m}^8$。试求该矿井总风阻、总阻力和两翼的风量及矿井等积孔。

18. 某通风系统如图8所示，已知 $R_1 = R_4 = 0.29$、$R_2 = 1.0\ \text{N} \cdot \text{s}^2/\text{m}^8$。AD间的总风

压 $h_{AD} = 353$ Pa，进入该系统的总风量 $Q = 20$ m³/s，试求风阻 R_3 为多少？自然分配到左右两翼的风量 Q_2 和 Q_3 各为多少？

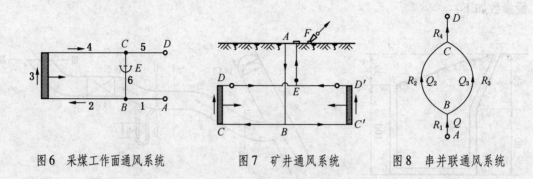

图6　采煤工作面通风系统　　　图7　矿井通风系统　　　图8　串并联通风系统

19. 某矿井通风系统如图9所示，试绘制该矿井的通风网络图。

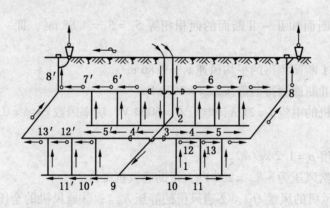

图9　某矿井通风系统

第 六 章

20. 如图6-2所示并联风网，已知各分支风阻：$R_1 = 1.186$ N·s²/m⁸，$R_2 = 0.749$ N·s²/m⁸，若分支1需风量 10 m³/s，分支2需风量 30 m³/s，采用风窗调节，风窗应设在哪个分支？风窗风阻和面积各是多少？

第 七 章

21. 某岩巷掘进长为 250 m，断面为 8 m²，风筒漏风系数为 1.18，一次爆破炸药量为 10 kg，采用压入式通风，通风时间为 20 min，求该掘进工作面所需风量。

22. 某岩巷掘进长度为 300 m，断面为 6 m²，一次爆破最大炸药量 10 kg，采用抽出式通风，通风时间为 15 min，求该掘进工作面所需风量。

23. 某煤巷掘进长度 600 m，断面为 7 m²，采用爆破掘进方法，一次爆破炸药量 6 kg，若最大瓦斯涌出量为 2 m³/min，求工作面所需风量。

24. 某风筒长 1100 m，直径 800 mm，接头风阻为 0.2 N·s²/m⁸，节长 50 m，风筒摩擦阻力系数为 0.003 N·s²/m⁴，试计算风筒的总风阻。

考：其余巷道为 2m × 2m，无木并加密度风插。

24. 已知新风流 5 000 m³，井筒 860 mm²，摩擦风阻为 0.7 N·s²·m⁻⁸。长度 50 m，摩擦风阻系数为 0.003 5，试求求巷道的风流加风阻。

附录 井巷摩擦阻力系数 α_0 值

一、水平巷道

（1）不支护巷道的 $\alpha \times 10^4$ 值。

附表1 不支护巷道的 $\alpha \times 10^4$ 值

巷 道 壁 的 特 征	$\alpha \times 10^4 / (\mathrm{N} \cdot \mathrm{s}^2 \cdot \mathrm{m}^{-4})$
顺走向在煤层里开掘的巷道	58.8
交叉走向在岩层里开掘的巷道	68.6 ~ 78.4
巷壁与底板粗糙度相同的巷道	58.8 ~ 78.4
巷壁与底板粗糙度相同的巷道在底板阻塞情况下	98 ~ 147

（2）砌碹平巷的 $\alpha \times 10^4$ 值。

附表2 砌碹平巷的 $\alpha \times 10^4$ 值

类　别	$\alpha \times 10^4 / (\mathrm{N} \cdot \mathrm{s}^2 \cdot \mathrm{m}^{-4})$	类　别	$\alpha \times 10^4 / (\mathrm{N} \cdot \mathrm{s}^2 \cdot \mathrm{m}^{-4})$
混凝土砌碹、外抹灰浆	29.4 ~ 39.2	砖砌碹、不抹灰浆	29.4 ~ 30.2
混凝土砌碹、不抹灰浆	49 ~ 68.6	料石砌碹	39.2 ~ 49
砖砌碹、外抹灰浆	24.5 ~ 29.4		

注：巷道断面小者取大值。

（3）圆木棚子支护巷道的 $\alpha \times 10^4$ 值。

附表3 圆木棚子支护巷道的 $\alpha \times 10^4$ 值

木柱直径 d_0/cm	支架纵口径 $\Delta = L/d_0$ 时的 $\alpha \times 10^4$ 值/$(\mathrm{N} \cdot \mathrm{s}^2 \cdot \mathrm{m}^{-4})$							按断面校正	
	1	2	3	4	5	6	7	断面/m²	校正系数
15	88.2	115.2	137.2	155.8	174.4	164.6	158.8	1	1.2
16	90.16	118.6	141.1	161.7	180.3	167.6	159.7	2	1.1
17	92.12	121.5	141.1	165.6	185.2	169.5	162.7	3	1.0
18	94.03	123.5	148	169.5	190.1	171.5	164.6	4	0.93
20	96.04	127.4	154.8	177.4	198.9	175.4	168.6	5	0.89
22	99	133.3	156.8	185.2	208.7	178.4	171.5	6	0.8

附表3（续）

木柱直径	支架纵口径 $\Delta = L/d_0$ 时的 $\alpha \times 10^4$ 值/$(N \cdot s^2 \cdot m^{-4})$							按断面校正	
d_0/cm	1	2	3	4	5	6	7	断面/m^2	校正系数
24	102.9	138.2	167.6	193.1	217.6	192	174.4	8	0.82
26	104.9	143.1	174.4	199.9	225.4	198	180.3	10	0.78

注：表中 $\alpha \times 10^4$ 值适合于支架后净断面 $S = 3\ m^2$ 的巷道，对于其他断面的巷道应乘以校正系数。

　　（4）金属支架的巷道 $\alpha \times 10^4$ 值。工字梁拱形和梯形支架巷道的 $\alpha \times 10^4$ 值见附表4。金属横梁和帮柱混合支护的平巷 $\alpha \times 10^4$ 值见附表5。

附表4　工字梁拱形和梯形支架巷道的 $\alpha \times 10^4$ 值

金属梁尺寸	支架纵口径 $\Delta = L/d_0$ 时的 $\alpha \times 10^4$ 值/$(N \cdot s^2 \cdot m^{-4})$					按断面校正	
d_0/cm	2	3	4	5	8	断面/m^2	校正系数
10	107.8	147	176.4	205.4	245	3	1.08
12	127.4	166.6	205.8	245	294	4	1.00
14	137.2	186.2	225.4	284.2	333.2	6	0.91
16	147	205.8	254.8	313.6	392	8	0.88
18	156.8	225.4	294	382.2	431.2	10	0.84

注：d_0 为金属梁截面的高度。

附表5　金属横梁和帮柱混合支护的平巷 $\alpha \times 10^4$ 值

边柱厚度	支架纵口径 $\Delta = L/d_0$ 时的 $\alpha \times 10^4$ 值/$(N \cdot s^2 \cdot m^{-4})$					按断面校正	
d_0/cm	2	3	4	5	6	断面/m^2	校正系数
						3	1.08
						4	1.00
40	156.8	176.4	205.8	215.6	235.2	6	0.91
						8	0.88
50	166.6	196.0	215.6	245.0	264.6	10	0.84

注："帮柱"是混凝土或砌碹的柱子，呈方形；顶梁是由工字钢或16号槽钢加工的。

　　（5）钢筋混凝土预制支架的巷道 $\alpha \times 10^4$ 值为 $88.2 \sim 186.2\ N \cdot s^2/m^4$（纵口径大，取值也大）。

　　（6）锚杆或喷浆巷道的 $\alpha \times 10^4$ 值为 $78.4 \sim 117.6\ N \cdot s^2/m^4$。

　　对于装有带式输送机的巷道 $\alpha \times 10^4$ 值可增加 $147 \sim 196\ N \cdot s^2/m^4$，设有风管、水管、木梯台阶巷道的 $\alpha \times 10^4$ 值增加 $98\ N \cdot s^2/m^4$；当巷道堵塞严重时，$\alpha \times 10^4$ 值增加 $29.4 \sim 98\ N \cdot s^2/m^4$。

二、井筒、暗井及溜道

　　（1）无任何装备的清洁混凝土和钢筋混凝土井筒的 $\alpha \times 10^4$ 值见附表6。

（2）砖和混凝土砖砌的无任何装备的井筒，其值 $\alpha \times 10^4$ 比附表6增大一倍。

（3）有装备的井筒，井壁用混凝土、钢筋混凝土、混凝土砖及砖、砌碹的平巷 $\alpha \times 10^4$ 值为 $343 \sim 490 \, \mathrm{N \cdot s^2 / m^4}$。选取时应考虑到罐道梁的间距，装备物纵口径以及有无梯子间和梯子间规格等。

（4）木支护的暗井和溜道 $\alpha \times 10^4$ 值见附表7。

附表6　无装备混凝土井筒的 $\alpha \times 10^4$ 值

井筒直径/m	井筒断面/m²	$\alpha \times 10^4$ 值/(N·s²·m⁻⁴)	
		平滑的混凝土	不平滑的混凝土
4	12.6	33.3	39.2
5	19.6	31.4	37.2
6	28.3	31.4	37.2
7	38.5	29.4	35.3
8	50.3	29.4	35.3

附表7　木支护的暗井和溜道 $\alpha \times 10^4$ 值

井筒特征	断面积/m²	$\alpha \times 10^4$ 值/(N·s²·m⁻⁴)
人行格间有平台的溜道	9	460.6
有人行格间的溜道	0.95	196
下放煤的溜道	1.8	156.8

三、采煤工作面

采煤工作面的 $\alpha \times 10^4$ 值见附表8。

附表8　采煤工作面的 $\alpha \times 10^4$ 值

类　　型	支　护　方　式	$\alpha \times 10^4$ 值/(N·s²·m⁻⁴)
炮采面	采用单体液压支柱时，铰接顶梁	270~350
普采面	采用单体液压支柱时	420~500
	采用金属摩擦支柱时	450~550
综采面	采用支撑式液压支架时	300~420
	采用掩护式液压支架时	220~330
	采用支撑掩护式液压支架时	320~350

参 考 文 献

[1] 国家安全生产监督管理总局，国家煤矿安全监察局．煤矿安全规程（2016）[M]．北京：煤炭工业出版社，2016．

[2] 吴金钢．矿井通风与安全[M]．徐州：中国矿业大学出版社，2015．

[3] 黄元平．矿井通风[M]．徐州：中国矿业大学出版社，2014．

[4] 张国枢．通风安全学（修订版）[M]．徐州：中国矿业大学出版社，2007．

[5] 魏国营．矿井通风与安全[M]．北京：煤炭工业出版社，2014．

[6] 朱令起．矿井通风与救灾可视化[M]．北京：煤炭工业出版社，2014．

[7] 张红兵．矿井通风（通风）[M]．北京：煤炭工业出版社，2014．

图书在版编目(CIP)数据

矿井通风(采矿)/焦健主编. --2版. --北京:煤炭
工业出版社,2017
中等职业教育"十三五"规划教材
ISBN 978-7-5020-5453-3

Ⅰ.①矿… Ⅱ.①焦… Ⅲ.①矿山通风—中等专业学
校—教材 Ⅳ.①TD72

中国版本图书馆 CIP 数据核字(2016)第 187779 号

矿井通风(采矿) 第 2 版(中等职业教育"十三五"规划教材)

主　编　焦　健
责任编辑　张　成
责任校对　李新荣
封面设计　王　滨

出版发行　煤炭工业出版社(北京市朝阳区芍药居 35 号　100029)
电　话　010 - 84657898(总编室)
　　　　　010 - 64018321(发行部)　010 - 84657880(读者服务部)
电子信箱　cciph612@126.com
网　址　www.cciph.com.cn
印　刷　北京玥实印刷有限公司
经　销　全国新华书店
开　本　787mm×1092mm$^1/_{16}$　印张　$11^1/_4$　字数　261 千字
版　次　2017 年 2 月第 2 版　2017 年 2 月第 1 次印刷
社内编号　8316　定价　21.00 元